国家出版基金项目
NATIONAL PUBLICATION FOUNDATION

『十三五』国家重点出版物出版规划项目

The Art of
Chinese
Silks

COURT
EMBROIDERY

中国历代丝绸艺术

宫廷刺绣

赵　丰 ◎ 总主编

王业宏 ◎ 著

浙江大学出版社
ZHEJIANG UNIVERSITY PRESS

　　2018 年，我们"中国丝绸文物分析与设计素材再造关键技术研究与应用"的项目团队和浙江大学出版社合作出版了国家出版基金项目成果"中国古代丝绸设计素材图系"（以下简称"图系"），又马上投入了再编一套 10 卷本丛书的准备工作中，即国家出版基金项目和"十三五"国家重点出版物出版规划项目成果"中国历代丝绸艺术丛书"。

　　以前由我经手所著或主编的中国丝绸艺术主题的出版物有三种。最早的是一册《丝绸艺术史》，1992 年由浙江美术学院出版社出版，2005 年增订成为《中国丝绸艺术史》，由文物出版社出版。但这事实上是一本教材，用于丝绸纺织或染织美术类的教学，分门别类，细细道来，用的彩图不多，大多是线描的黑白图，适合学生对照查阅。后来是 2012 年的一部大书《中国丝绸艺术》，由中国的外文出版社和美国的耶鲁大学出版社联合出版，事实上，耶鲁大学出版社出的是英文版，外文出版社出的是中文版。中文版由我和我的老师、美国大都会艺术博物馆亚洲艺术部主任屈志仁先生担任主编，写作由国内外七八位学者合作担纲，书的内容翔实，图文并茂。但问题是实在太重，一般情况下必须平平整整地摊放在书桌上翻阅才行。第三种就是我们和浙江大学出版社合作的"图系"，共有 10 卷，此外还包括 2020 年出版的《中国丝绸设计（精选版）》，用了大量古代丝绸文物的复原图，经过我们的研究、拼合、复原、描绘等过程，呈现的是一幅幅可用于当代工艺再设计创作的图案，比较适合查阅。如今，如果我们想再编一套不一样的有关中国丝绸艺术史的出版物，我希望它是一种小手册，类似于日本出版的美术系列，有一个大的统称，却基本可以按时代分成 10 卷，每一卷都便于写，便于携，便于读。于是我们便有了这一套新形式的"中国历代丝绸艺术丛书"。

当然，这种出版物的基础还是我们的"图系"。首先，"图系"让我们组成了一支队伍，这支队伍中有来自中国丝绸博物馆、东华大学、浙江理工大学、浙江工业大学、安徽工程大学、北京服装学院、浙江纺织服装职业技术学院等的教师，他们大多是我的学生，我们一起学习，一起工作，有着比较相似的学术训练和知识基础。其次，"图系"让我们积累了大量的基础资料，特别是丝绸实物的资料。在"图系"项目中，我们收集了上万件中国古代丝绸文物的信息，但大部分只是把复原绘制的图案用于"图系"，真正的文物被隐藏在了"图系"的背后。再次，在"图系"中，我们虽然已按时代进行了梳理，但因为"图系"的工作目标是对图案进行收集整理和分类，所以我们大多是按图案的品种属性进行分卷的，如锦绣、绒毯、小件绣品、装裱锦绫、暗花，不能很好地反映丝绸艺术的时代特征和演变过程。最后，我们决定，在这一套"中国历代丝绸艺术丛书"中，我们就以时代为界线，将丛书分为 10 卷，几乎每卷都有相对明确的年代，如汉魏、隋唐、宋代、辽金、元代、明代、清代。为更好地反映中国明清时期的丝绸艺术风格，另有宫廷刺绣和民间刺绣两卷，此外还有同样承载了关于古代服饰或丝绸艺术丰富信息的图像一卷。

　　从内容上看，"中国历代丝绸艺术丛书"显得更为系统一些。我们勾画了中国各时期各种类丝绸艺术的发展框架，叙述了丝绸图案的艺术风格及其背后的文化内涵。我们梳理和剖析了中国丝绸文物绚丽多彩的悠久历史、深沉的文化与寓意，这些丝绸文物反映了中国古代社会的思想观念、宗教信仰、生活习俗和审美情趣，充分体现了古人的聪明才智。在表达形式上，这套丛书的文字叙述分析更为丰富细致，更为通俗易读，兼具学术性与普及性。每卷还精选了约 200 幅图片，以文物图为主，兼收纹样复原图，使此丛书与"图系"的区别更为明确一些。我们也特别加上了包含纹样信息的文物名称和出土信息等的图片注释，并在每卷书正文之后尽可能提供了图片来源，便于读者索引。此外，丛书策划伊始就确定以中文版、英文版两种形式出版，让丝绸成为中国文化和海外文化相互传递和交融的媒介。在装帧风格上，有别于"图系"那样的大开本，这套丛书以轻巧的小开本形式呈现。一卷在手，并不很大，方便携带和阅读，希望能为读者朋友带来新的阅读体验。

　　我们团队和浙江大学出版社的合作颇早颇多，这里我要感谢浙江大学出版社前任社长鲁东明教授。东明是计算机专家，却一直与文化遗产结缘，特别致力于丝绸之路石窟寺观壁画和丝绸文物的数字化保护。我们双方从 2016 年起就开始合作建设国家文化产业发展专项资金重大项目"中国丝绸艺术数字资源库及服务平台",希望能在系统完整地调查国内外馆藏中国丝绸文物的基础上,抢救性高保真数字化采集丝绸文物数据,以保护其蕴含的珍贵历史、文化、艺术与科技价值信息,结合丝绸文物及相关文献资料进行数字化整理研究。目前,该平台项目已初步结项,平台的内容也越来越丰富,不仅有前面提到的"图系",还有关于丝绸的博物馆展览图录、学术研究、文献史料等累累硕果,而"中国历代丝绸艺术丛书"可以说是该平台项目的一种转化形式。

中国丝绸的丰富遗产不计其数,特别是散藏在世界各地的中国丝绸,有许多尚未得到较完整的统计和保护。所以,我们团队和浙江大学出版社仍在继续合作"中国丝绸海外藏"项目,我们也在继续谋划"中国丝绸大系",正在实施国家重点研发计划项目"世界丝绸互动地图关键技术研发和示范",此丛书也是该项目的成果之一。我相信,丰富精美的丝绸是中国发明、人类共同贡献的宝贵文化遗产,不仅在讲好中国故事,更会在讲好丝路故事中展示其独特的风采,发挥其独特的作用。我也期待,"中国历代丝绸艺术丛书"能进一步梳理中国丝绸文化的内涵,继承和发扬传统文化精神,提升当代设计作品的文化创意,为从事艺术史研究、纺织品设计和艺术创作的同仁与读者提供参考资料,推动优秀传统文化的传承弘扬和振兴活化。

中国丝绸博物馆　赵　丰

2020 年 12 月 7 日

循矩与琐饰——宫廷刺绣肃与俗

　　宫廷刺绣一般是指官营织造生产的，或者在宫廷使用的刺绣品。官营织造生产的刺绣品供宫廷使用、赏赐和贸易。宫廷使用的刺绣品不一定都是官营织造生产的，也可能是地方贡品或者民间定制，因此，宫廷刺绣所包含的对象范围很广。欣赏性刺绣因为数量稀少，代代流传，不具有时代的典型性特征，故本书以实用刺绣品为主要研究对象。

　　宫廷刺绣和民间刺绣最主要的区别还是品质和用途，取决于生产者和使用者。宫廷使用的刺绣品在技术和审美上都具有流行的最高水准，用于礼仪活动的要求有统一的样式，用于赏赐和贸易的也有程式和品质要求；生活用品虽然不那么刻板，但在等级、技术和审美方面都有较严格的规范。因此，判断宫廷和民间刺绣的基本标准就是等级、技术和艺术特征。民间也存在技术和艺术方面都优秀的作品，尤其是装饰品，有时实难判断其属于宫廷还是民间。在这个意义上，民间刺绣通常是指日常老百姓使用的绣品，如服装、配饰和佩饰、生活用品、装饰等；宫廷刺绣除上述品类以外，还有一些仪式上使用的服饰、装饰等。

古往今来，早期的刺绣遗世不多，大多为残片，来源往往无法考证，无法概观整个宫廷刺绣的特征。清代宫廷遗留下来的绣品较多，单从故宫博物院的收藏来看已达十几万件，从名目上看，十分系统，基本涵盖生活的方方面面。古代刺绣发展到封建社会末期，技术上已登峰造极，清代的文献和实物也为研究宫廷刺绣提供了较为完整和丰富的资源。本书以清代织绣制度为纲，以清宫遗存为本，结合其他有宫廷特征的实物，阐述清代宫廷刺绣的等级制度、类别、制作方式、技术特征、艺术特征以及遗存情况，以管窥古代宫廷刺绣的面貌。

目 录

CONTENTS

一

清代宫廷刺绣的管理与使用

中 国 历 代 丝 绸 艺 术

刺绣作为一种装饰纺织品的方法，自古以来在宫廷和民间被广泛使用。刺绣技术本身并不是皇家专属，但宫廷刺绣因为使用阶层的属性，在设计、生产和使用等方面都有一定的规范，并受制度约束。

（一）宫廷对刺绣的管理

丝绸是宫廷的主要纺织品，刺绣因其追求纹样精致，主要使用在丝绸上。满族在辽东地区生活时期，不生产丝绸，丝绸主要靠赏赐、贸易和掠夺获得。入关以后，清朝统治者恢复了明代的织造局，宫廷的织绣事务逐渐完善。大宗的绣品一方面由官营织造承担制作任务，另一方面也在宫廷内的绣作进行生产，小件或特殊的绣品由各宫自行制作，有时还会从民间购买。

1. 后金至顺治时期（1616—1661 年）

公元 1616 年，努尔哈赤建立后金政权，独立于明朝。满族入关前，"宫廷"纺织品的管理就由大汗或皇帝[1]的包衣牛录负责。包衣的特殊性在于它只服务于专属的统治阶层，与家长或主人的关系非常密切，主要从事与家长或主人相关的服务性工作。包衣既是家仆，也是贴身近侍、战友，后期还会代主人经商甚至从事政治活动。[2]早期的满族社会在战争结束后往往要争夺战利品，这时包衣会跟随在家长或主人左右，帮助家长或主人抢夺俘获物。最晚至崇德元年（1636年），皇属包衣牛录已发展为清代的内府或内务府。[3]

辛者库牛录（也称身者库牛录）是身份最低微的包衣牛录，主要由犯了罪的贵族和有一技之长的俘虏组成。天命七年（1622年）正月，努尔哈赤将"于辽东所获养猪之汉人及绣匠等有用之汉人，收入辛者库牛录，新获之五百丁"[4]。内务府建立之后，辛者库正式归内务府管理。由此可见当时绣工地位之低。

明代是由宦官管理织绣事务的。宦官制度自产生之日起便有皇权延伸的作用，明代的政治腐败与宦官有直接关系，满族统治者对此深恶痛绝。入关之初，当权势力鉴于明代宦官制度的弊端，在新政权与旧势力的较量中，选择"裁汰宦官"[5]，并由包衣组织转化而来的内务府履行宫廷服务的职能。顺治二年（1645年）十二月，"太监已分隶六部"。可见，原有的宦官机构虽被裁撤，但是仍有大量太监为宫廷服务，经过一段时间的调整，最终分属于各个部门。

---

[1] 努尔哈赤统治的天命时期和皇太极统治的天聪时期为汗国时期，崇德时期皇太极改国号为"清"，开始帝国时期。
[2] 祁美琴.清代内务府.北京：中国人民大学出版社，1998：49-51.
[3] 祁美琴.清代内务府.北京：中国人民大学出版社，1998：58.
[4] 中国第一历史档案馆，中国社会科学院历史研究所.满文老档（上）.北京：中华书局，1990：292.
[5] 爱新觉罗·昭梿.啸亭杂录（卷8）.

这说明，清军入关后，内务府在原来皇属包衣性质的基础上扩充了内监，并重新建制，以保证宫廷的需求。在清初政局不稳、制度不健全、经济亟待恢复的历史形势下，织绣事务大多沿袭明代的一些生产方式，并逐渐发展。

随着满族统治的加强，宫廷制度逐步完善，管理上的矛盾日渐突出。皇属包衣在关外时建制简单，服务范围较小。在清军入关后，内务府独立主理紫禁城事务，面临诸多问题，如后宫的扩大、礼仪的需求、宫廷与其他部门的关系等。此时，内务府已经无法一力承担宫廷事务，改革势在必行。在这种形势下，宫廷设立了由太监组成的十三衙门，形成了顺治时期特有的内务府和十三衙门两套宫廷服务机构，顺治驾崩后，两套机构又整合成内务府。

2. 康、雍时期（1662—1735 年）

康熙继位后很快对处理宫廷事务的衙门进行了整改，"十三衙门尽革，以三旗包衣仍立内务府"，"于是恢复内务府"。[①] 档案对这一时期宫廷管理改革过程所记不多，只零星记载了一些衙门的裁撤、更名。康熙时期内务府改革完善的标志是七司三院制度的确立，时间是康熙十六年（1677 年）。内务府的改革使皇属包衣取代了大部分内监的职权。内务府衙门分"内务府堂"及所属"七司""三院"等五十多个部门，总机关称总管内务府衙门，其最高官员为"总管内务府大臣"（简称"内务府总管"）。七司即营造司、广储司、会计司、慎刑司、都虞司、掌仪司、庆丰司；三院即上驷院、武备院、

---

① 王庆云．石渠余记（卷 3）．

奉宸苑。皇家织绣事务主要归广储司、三织造处、织染局管辖，任务由内务府堂统一下达，敬事房太监传达，由织造处和绣作完成。

广储司衙署最初设在西华门内白虎殿西配房，屡次迁移后设在神武门内路西酒醋房南墙内，是内务府管理库藏及出纳总机构；由内务府大臣专职管理，下设总办郎中四人、郎中四人、主事一人、委署主事一人、笔帖式二十五人、书吏三人。广储司执掌六库事务，负责验收入库的财产并入账，支发六库之物及工程银两。宫内礼吉服、四季衣物及陈设用纺织品、江南三织造处及各地运京绸缎、布匹等都归广储司管理。广储司下设六库、七作、二房。

六库包括银库、皮库、瓷库、缎库、衣库、茶库，除瓷库外都与织绣有关。银库设在太和殿弘义阁内，管理收存金银、制钱、珠宝、印信、本章等物；皮库设在太和殿西南角楼和保和殿东配房内，管理收存各种皮毛、呢绒、象牙、犀角等物；缎库设在太和殿东体仁阁和中右门外西配房内，管理收存各种绸缎、布匹、棉花等物，三织造和各地运京的丝绸、服饰、布匹大抵存入缎库；衣库设在弘义阁南西配房，管理收存各式朝服及八旗兵丁棉甲等物，也收有一些龙袍或蟒袍；茶库设在右翼门内西配房、太和门内西偏南向配房和中左门内东偏配房，管理收存人参、茶叶、香、纸、颜料、绒线等物，并管理南薰殿历代帝后像等。

七作包括银作、铜作、染作、衣作、绣作、花作、皮作，除银作、铜作外，其他五作都与织绣有关。染作负责染洗各种皮、帽、棉布、绸缎，设司匠、领催六人，匠役五十人；衣作负责承造各种冠服，设司匠、领催七人，各种匠役三百一十三人；绣作负责绣造各种领、袖、补服、荷包等，设司匠、领催七人，匠役二百一十七人；花作负责承造各种花、瓶花以及鹰鹞脚绊、合线等，设司匠、领催三人，各种匠役二十九人；皮作负责洗刷皮张并造灯、宝盖、璎珞等物，设司匠、领催六人，各种匠役一百七十七人。

二房包括帽房和针线房。帽房负责做帽，设领催三人，做帽妇人二十人；针线房负责承造皇帝朝服及宫内四季衣服、靴袜等，设领催二人，做活妇人一千一百七十一人。

康熙三年（1664年）重设织染局，康熙十六年（1677年）改革内务府时专门提到织染局："织染局，原本专门督办织染、绣花等事，然匠役俱系民人，故仍照旧施行。"① 后来归入广储司。康、雍时期，织染局设在地安门内嵩祝寺后②，有络丝作、染作、织作，设员外郎一人，司库一人，司匠、库使八人，匠役八百多人。织染局初隶工部，康熙三年（1664年），奉旨交总管内务府大臣管理，又设员外郎一人，笔帖式三人，领催六人；康熙九年（1670年），增设司库一人，库使六人；康熙二十四年（1685年），增设领催一人，专司买办；康熙六十一年（1722年），增设催总一人。

三织造处，由内务府郎中、员外郎中选派监督一人，司库一人，笔帖式二人。三织造处主要负责宫内、官用、贸易等用丝织品，包括服饰、陈设用的半成品和匹料。

根据档案粗略统计，康熙初年在京服务于宫廷的织绣匠役数量约二千七百七十七人，按工匠多寡排序，负责针线工作的达一千一百七十一人，染色工匠八百人，制衣三百一十三人，刺绣二百一十七人，皮作一百七十七人，染色五十人，合线制花二十九人，做帽妇人二十人。由此可以看出宫廷染、织、缝、绣用工之巨。

雍正初期修订《大清会典》，基本延续了康熙的制度，后期也有一定的改革，但文献中少有记载。

---

① 辽宁民族古籍历史类之11·清代内阁大库散佚满文档案选编.天津：天津古籍出版社，1991.
② 钦定四库全书·钦定日下旧闻考（卷71）.

3. 乾隆时期（1736—1795 年）

乾隆时期，重修的《大清会典》承袭祖制，并对其进行补充完善，"永为定制"。乾隆二十年（1755 年）以后相继发布《钦定大清会典》《皇朝礼器图式》《钦定大清会典事例》等法令。乾隆本人的每日穿着，被记录在《穿戴档》中，以示清朝礼制的规范。

清代宫廷服饰制作的专门机构是内务府，部分小件服饰、绣品可以在宫内完成。一些较为复杂的大型织绣品如礼、吉服，后妃的便服等，要发往织造局制作，其制作过程可以分为五至六个步骤：设计→制作→运输→检验→（缝制）→入库（不合格返工并问责），每个步骤都有专门的机构负责。在宫中，事务的传递由太监负责。

造办处的如意馆负责绘制小样，出活计单，完成设计工作。依据礼仪制度和宫中主人喜好，设计图往往是 1 ：1 的样稿，可以作为刺绣的蓝本。江南三织造和京内相关机构负责制作完成。江南织造局的绣品要包装好，经陆路和水路运送至京城，目前，档案中所见较大宗的是织造的匹料和半成品。所有的绣品最后都要交送内务府，由广储司负责验收和二次制作。二次制作主要指成衣加工，由广储司下属的衣作、绣作等作坊来完成，有时还需要穿用者本人亲自检验。暂时不用的绣品包括成衣要入库，一般分两部分存放，皇帝的礼、吉服放在四执事库，其他存入广储司的缎库和衣库。宫廷织绣事务从设计到制作完成的每一步几乎都有苛刻的要求，这也使清代宫廷织绣成为清代织绣技术的最高代表。

四处皇家织造局的生产各有侧重。《钦定大清会典》记载："凡上用缎匹，内织染局及江宁局织造；赏赐缎匹，苏杭织造。"江宁织造局的特色产品是"妆花"一类；苏州织造局的特色产品是宋锦和缂丝以及刺绣，因此承担了内用衣料、殿堂内饰等物的制作；杭州织造局所织绸料具有轻薄柔软、细腻光泽、花纹清晰等特点，因此主要向宫廷提供绫、罗、绉、绸、缎等匹料。事实上，江南三织造生产的缎匹都涉及上用缎、官用或内用缎以及部派缎任务。范金民先生对三织造生产的织物进行统计后发现，各织造局各有重点，江宁局是上用，杭州局是内用，苏州局是部派。[①] 而内织染局主要满足宫廷日常丝织品用度，包括染织各种常服、行服袍褂，套袖、褡裢裙，各种丝带，绣纴，妆花绒，祭祀用的幡、桌帷等。从目前故宫所藏的江宁织造、杭州织造、苏州织造的代表性作品可以看出，江南三织造产品华丽，刺绣占了一部分比例；而内织染局以染、织为主，生产暗花织物或素织物，制作一些绣线，未见承担具体刺绣工作。四处皇家织造的生产特点如表 1 所示。

表 1　清代四处皇家织造的生产特点

类别	苏州织造局	杭州织造局	江宁织造局	内织染局
会典规定	赏赐缎匹	赏赐缎匹	上用缎匹	上用缎匹
实际织造	上用、官用或内用以及部派	上用、官用或内用以及部派	上用、官用或内用以及部派	上用、内用
重点织造	部派	内用	上用	上用、内用
特色品种	宋锦和缂丝以及刺绣，承担衣物、布匹、殿堂内饰等物的制作	绫、罗、绉、绸、缎等匹料	云锦（妆花类）	上用、内用衣物及宫廷内丝织品。包括染织常服、行服袍褂，套袖，褡裢裙，各种丝带，绣纴，妆花绒，祭祀用的幡、桌帷等

---

① 范金民. 衣被天下：明清江南丝绸史研究. 南京：江苏人民出版社，2016：213.

4. 嘉庆以后（1796—1911 年）

嘉庆时期，国力不如以前，皇家织造虽维持乾隆时期的运行模式，织造的品质和数量还是呈下滑趋势，至嘉庆二十年（1815 年）前后，出现低谷。鸦片战争后，中国社会开始发生变化，江南三大织造局仍坚持以原有的规模和形式生产。道光二十三年（1843 年），内织染局被裁撤。1860 年，英法联军焚烧了"三山五园"，内织染局被毁，仅留下一块乾隆御笔"耕织图"石碑，所有技术文献尽数遗失。辛亥革命后，皇城外的各衙门档案均也散落无存。经过太平天国期间的战争，江南织造局遭到严重破坏，直到同治时期（1862—1874 年）才逐渐恢复，但从织造格局到生产规模、从生产形式到织造内容都发生了较大的变化。据专家考察研究，重建后的江南织造局，采购的缎匹大约占了其缎匹总数的 80% 以上，[①] 所以，同治以后的宫廷织绣品真正来自皇家织造的已经非常稀有了。

（二）刺绣品与等级制度

刺绣是一种在承载物表面通过线迹表达色彩和纹样的技术手段。在宫廷生活中，它的使用既是自由的，也是不自由的。这个不自由是指等级制度。

1. 技术和艺术水准

刺绣是起源最早的纹样装饰方法和技术，宫廷、民间均广泛

---

① 范金民. 衣被天下：明清江南丝绸史研究. 南京：江苏人民出版社，2016：225.

使用。随着时代的发展，刺绣也逐渐形成自己的地域特色，包括刺绣的题材、针法、配色风格等，出现了著名的绣匠和名品。宫廷的绣匠便是个中翘楚。因此，宫廷刺绣从技术角度看，品质较高，一般由宫廷绣作工匠来完成。民间采买的绣品主要是指一般日用的，但也对技术水平有相当高的要求。当然，后妃、宫人也会自行制作小件绣品，一来消遣，二来需要，三来炫技。

与织花相比，刺绣的图案相对灵活，制作周期较短，成本较低。因此，清早期相同的装饰纹样，妆花可能要比刺绣高档。康、雍《大清会典》记载了皇帝朝服织纹和绣纹。清宫旧藏中，清早期的朝袍基本都是织花的。到了乾隆时期，《钦定大清会典》中礼、吉服均为绣纹，其实是不再强调织、绣等技术手段，因为从实物考察来看，宫廷礼、吉服的制作上，织、绣都有使用。

沈寿是清代刺绣名家，她的作品曾作为宫廷礼品用于外交。《雪宧绣谱图说》[①]中记载的绣要，大致就是评价一幅刺绣的标准：要有好的构思和构图，要有和谐、丰富的色彩搭配，要体现对图案的明暗处理，要有生气，要有独特、灵活的技术方案而展现出巧妙之处，要于细微之处传神。总而言之，刺绣发展到清代，以宫廷为代表，其技术、艺术已达到十分高超的水准，整体表现力上可以与艺术作品相媲美。

2. 材　料

从物质角度看，绣品包含绣底和绣线。宫廷使用的材料都是

---

① 沈寿. 雪宧绣谱图说. 张謇, 整理. 王逸君, 译注. 济南: 山东画报出版社, 2004: 102-132.

经过严格筛选的同种绣底，上用和官用克重不同，丝的品质不同，检验时一般通过丝的匀度、光泽、色彩和重量来把关。用于绣制礼、吉服的线材也有严格要求，例如，圆明园养蚕处的丝在先蚕活动中染成五色，用于绣制皇帝礼服，追求的是仪式感。

　　除丝线外，还有一些特殊材料用于刺绣，如孔雀羽、米珠、金银线等，如图 1 所示 ①。这些材料的使用也有严格的等级制度。康、雍《大清会典》记载，孔雀羽（满翠）的使用范围为郡王、郡王妃、郡主以上，乾隆以后也沿袭此制度，目前所见实物中孔雀羽主要在妆花织物中使用。金线的使用上，五朝《大清会典》也有一些规定，顺治九年（1652 年）规定，闲散宗室、觉罗可在服装上使用金花缎。公侯伯可服蟒绣金花采缯，官服用金花缎。康熙元年规定，军民等不得用蟒缎、妆缎、金花缎、片金缎等。康熙十一年（1672 年）又规定，军民及听差人、书吏人等，准用片金缎。乾隆朝一品至三品得用蟒绣金花采缯，四品至七品得用金花采缯，八九品得用素缯，领袖均得用蟒绣及金花缯，凡朝服披领袖口准镶蟒缎、妆缎、金花缎。片金缎、金花缎应指织金织物，而不是刺绣，但由于《大清会典》对织、绣的表达比较模糊，难以断定绣金的使用制度。从晚清传世品看，官服和民间刺绣中，金线使用很广泛，当然金线的品质另当别论，很

▲图 1　宫廷用孔雀羽、米珠、金银线等材料

---

①　孔雀羽、金银线引自：王允丽，等 . 故宫藏"孔雀吉服袍"的制作工艺——三维视频显微系统的应用 . 故宫博物院院刊，2009（4）：152. 米珠图片来自故宫网站（黄云缎勾藤米珠靴）。

多不是金和银，只是一般的金属。

虽然金线的使用比较普遍，但金龙的使用有明确规定。康、雍时期，只有皇帝礼服提及，其他未做明确规定；乾隆以后，金龙限于郡王、县主等级以上的人使用。

3. 色　彩

色彩是人们对事物最直观的心理感受，于刺绣而言，色彩是最重要的要素，可以说配色是刺绣的灵魂。宫廷在艺术品位上讲究高雅，在配色方面不似民间喜庆、通俗。同时，一些用于礼仪的绣品，又讲究色彩的等级性。

（1）皇家专属的黄色系

黄色系为清代皇室专用，按等级分为明黄、杏黄、金黄、香色。对黄色的尊崇主要源自元代以来尤其是明代皇家以黄色、龙纹为代表的服饰等级制度。明朝政府对辽东地区采取"卫所"制度，经常赏赐一些类似皇室的丝织品或服饰，其中以黄色、龙蟒纹为贵。

《满文老档》记载，1615年努尔哈赤行猎时穿"秋香色花缎子衣服"，因为下雪，"停下来卷起他的秋香色的花缎子衣服"，解释说"我不是因为没有衣服才卷起，让雪湿了衣服有什么益处呢？与其让雪湿了，不如给你们新衣服好吗？如果湿了把坏衣服给你们有什么好处，我珍惜衣服是为了你们众人"[①]。满族早期社会把明朝的丝绸服饰视为"好衣服"，满族在后金时期有获得

---

① 辽宁大学历史系. 清初史料丛刊第一种: 重译《满文老档》（太祖朝第一分册）. 1978: 32.

战利品之后均分的传统，赏赐"好衣服"以示殊荣。因此，努尔哈赤时期，服装色彩的等级区分没有那么严格。《满文老档》记载，天命七年（1622年）努尔哈赤说"阿哥们，因为你们让自家的子女们穿薄缎子，所以今厚的好缎子都剩下了……你们要亲自挑选各种缎子，把诸贝勒穿的，福晋们穿的，儿子们穿的，女儿们穿的，……分类存放……"[1]也说明了这一点。但这种情况在国力逐渐强大、礼制逐渐健全之后便大有改观。

天聪六年（1632年），明令禁止八大贝勒及以下"勿服黄缎及缝有五爪龙等服"[2]。崇德元年（1636年）定皇帝"服黄袍"，"皇贵妃、贵妃、妃、嫔礼服……黄色秋香色不许服用"。这一制度一直沿用至雍正时期，在康、雍《大清会典》中都有明确记载。直至乾隆朝修订《大清会典》，才规范黄色的等级，也放宽了穿用人的等级：明黄色为皇帝、皇太后、皇后、皇贵妃等级；杏黄色为皇太子、太子妃等级；金黄色为贵妃、妃、皇子等级；香色为嫔、皇子福晋、皇孙等级，但皇孙福晋以下者就不能使用香色了。

从制度上看，上下级分明，不可僭越。原则上讲，皇帝可以使用任何一种颜色，但考察文献和实物发现，皇帝不用金黄色和杏黄色，却对香色情有独钟，除配饰外，最典型的例子是常服袍会使用香色。根据织造档案，染制香色的方法是用槐子加明矾、黑矾媒染[3]，因此，这种颜色是黄中带绿。沈阳故宫藏有一件皇太极的"黄袍"，面料为"香黄色暗卍字锦地云龙纹缎"，里为"月白暗花丝绫"，中有棉絮，以"蓝地云龙妆缎"为领袖，蓝素缎接袖。身长140厘米，袖长67厘米，围宽61.5厘米，下摆宽110.4厘米，[4] 如图2所示[5]。2018年举办了"来自盛京"沈阳故宫文物展，在展厅里测得这件袍服的色彩为15-0743 TCX（潘通色号），确为黄中带有偏绿的颜色，至于染色方法还

---

① 辽宁大学历史系.清初史料丛刊第一种：重译《满文老档》（太祖朝第一分册）.1978：32.
② 中国第一历史档案馆，中国社会科学院历史研究所.满文老档（上、下）.北京：中华书局，1990：1350-1351.
③ 清代织染局染作档案·乾隆十九年销算染作.作者2006年抄录于中国第一历史档案馆.
④ 王云英.皇太极的常服袍.故宫博物院院刊，1983（3）：91-95.
⑤ 作者2018年11月拍摄于首都博物馆"来自盛京"展。

▲▲ 图 2　皇太极的常服袍及其面料局部
清代皇太极时期

需要检测染料来确定。

　　满族统治者视黄色为皇权，有清一代一直极为重视，明令规范。崇德时期禁止亲王以下官民人等使用"黄色及五爪龙凤黄缎"[①]。但因为早期制度不完善，会存在一些与制度不符的情况，而且存续时间较长。清军入关后，顺治四年（1647 年）规定"至所禁服式，有旧时制成者，仍听服用。自定制以后，有违禁擅制者，即行治罪。该管牛录章京，各查属民原有衣服，分别新旧颜色，缎名登册，以便查验"；顺治八年（1651 年）"喻官民人等，披领系绳合包腰带不许用黄色。一应朝服便服表里俱不许用黄色秋香色"；顺治九年（1652 年）规定"三爪龙缎满翠缎团补，黄色秋香色，黑狐皮，上赐者许用外，余俱禁止。不许存留在家，亦不许制被褥帐幔，若有越用及存留者，系官照品议罚，常人鞭责，衣物入官，妻子僭用者，罪坐家长"。图 3 为故宫所藏顺治时期的朝袍，其形制与乾隆时期的制度相去甚远，唯有黄色可以证明它的品级，这说明黄色在清初至高无上的地位。至康熙时期，仍有黄色违制使用问题，康熙二十六年（1687 年）规定"凡官民人等不许用无金四爪之四团八团补服缎纱及无金照品级织造补服，又似秋香色之香色米色，亦不许用。大臣官员有御赐五爪龙缎立龙缎俱令挑去一爪用"[②]。雍正时期，黄色滥用情况依旧很严重，雍正二年（1724 年）规定："官员军民服色定例禁用黑狐皮秋香色米色香色等类，近来官员军民以及家奴人等，皆滥行服用，无

---

① 　（康熙朝）大清会典（卷四十八）.辽宁省图书馆古籍善本库.作者 2006 年抄录于辽宁省图书馆。
② 　（康熙朝）大清会典（卷四十八）.辽宁省图书馆古籍善本库.作者 2006 年抄录于辽宁省图书馆。

▲ 图 3　黄色缠枝莲纹暗花绸男棉朝袍
清代顺治时期

知之徒，亦有用香色秋香色鞍辔者，皆由该管官员，不实心奉行所致，嗣后如有违禁僭用，该管官员不行拏送，事发，将僭用人，该管官员，俱于定例外，加罪议处。"①

到了乾隆时期，对黄色的使用有所放宽，并依照《皇朝礼器图式》制作等级服饰，使滥用问题得以解决。通例中只规定"上用服色及色相近者，王公以下均毋得用，若有赐毋得如制自为之"。至此，清代黄色系的等级制度固定下来，并为清代后世所遵循。

（2）情有独钟的蓝色系

满族入关前生活的中国北方边陲，四季分明，冬季寒冷。由于文化相对落后，对满族入关前的记载不多，仅有《满文老档》《清初内国史院满文档案》和一些朝鲜史料，可以佐证的传世实物非常少。从这些史料中，我们可以发现一些关于纺织品、服饰的记载：后金时期毛皮和布（非丝织品）在满族人的衣生活中占有极其重要的地位。如1621年盖州游击送来的东西包括"缎子八匹；翠蓝布一千〇八十一匹，缎子衣服一百七十一件，翠蓝布衣服八十六件；皮袄七件"②；1638年的赏赐中记述："为此七十七人制衣，共用通山蟒缎四匹……大佛头青布一百有三匹二托，大蓝布一百三十四匹，小蓝布四百九十七匹……各缎领缎面棉袍，翠蓝布棉衬衣，棉裤，妆缎领佛头青布袍，佛头青布棉衬衣，棉裤，妆缎领佛头青布袍，佛头青布衬衣，裤……彭缎领佛头青布

---

① （雍正朝）大清会典（卷六十四）.辽宁省图书馆古籍善本库.作者2006年抄录于辽宁省图书馆。
② 辽宁大学历史系.清初史料丛刊第一种：重译《满文老档》（太祖朝第一分册）.1978：29.

袍，金线花青绸捏折女朝褂、佛头青布衬衣，翠蓝布裤，镶帽缎蓝布裙……"[1] 根据《扬州画舫录》卷一所述"佛头青即深青"，所以毛青布和佛头青布都指深青色的棉布，翠蓝布、大蓝布等是深浅不同的蓝布，都是当时的主要衣料。

满族入关前蓝色的大量使用主要应该是经济原因，这与蓝草的种植、靛青的规模化生产和染坊的稳定运行有关。靛青是一种还原染料，与其他天然染料使用方法不同，建好的靛缸可以长期使用，储存、运输、染制都比较方便，其他染料染色的流程和染料利用率可能远不及靛青。如 1631 年皇太极所颁的诏书中写道："诸贝勒下闲散侍卫，带子章京，护军以上，其有缎者许服缎衣；上述人员以下者，均不得服缎衣，许用佛头青布。所以令众人用布者，非为缎匹专供上用也。计其价值，一缎之价，可得佛头青布十，一缎可制一衣，十佛头青布可成十衣，缎价昂且希少，佛头青布价廉且丰足，想此有益于众贫民，故约束之。"[2] 正是在这种地理、经济等条件制约下，蓝色逐渐融入满族的生活习俗，为入关后的服饰选择提供了审美前提。

随着战争的不断胜利，通过纳贡、掠夺等手段，满族获得了更多的丝织品，服饰面料开始多元化，毛青布的地位逐渐降低。到了顺治时期，满洲贵族大量使用高级的丝织品、麻织品和细布，毛青布一般为末等人和平民使用。

---

① 中国第一历史档案馆.清初内国史院满文档案译编（上）.北京：光明日报出版社，1986：400-401.
② 辽宁大学历史系.清初史料丛刊第一种：重译《满文老档》（太祖朝第一分册）.1978：1351.

据不完全统计，清代蓝色的色名由浅至深有几十种，蓝色染料的使用量也是非常巨大的。乾隆定制后，等级较高的吉服袍也以蓝色为主，且不说亲王以下基本规定"蓝及诸色随所用"，就皇帝的龙袍而言，虽然制度上规定用明黄色，但实际上也有颜色的选择。以《穿戴档》中的记录为例，乾隆二十一年（1756年）正月十六日，皇帝陪太后"在正大光明殿吃桌子"时穿"蓝刻丝卍字锦地黑狐腰龙袍"[①]；乾隆四十二年（1777年），皇帝的龙袍有黄、蓝、酱、香四种颜色[②]；咸丰四年（1854年），皇帝龙袍有四种颜色，即明黄、蓝、驼、酱四色[③]；等等。《大清会典》对常服袍、行服袍的颜色规定很宽泛，从乾隆时期织染局档案记载看，皇帝的常服袍、行服袍主要用宝蓝、深蓝、油绿、墨、灰、米、驼、秋香、酱、古铜等颜色，蓝色数量相对较多。可以肯定，蓝褂与袍的搭配是清人的正式服色，蓝色是有清一代的流行色，也是刺绣中使用的基本色彩，至清中晚期还流行三蓝绣，足见清人对蓝色的由衷喜爱。

（3）"五色观"与富丽堂皇的五彩色系

在中国奴隶社会时期，阴阳五行观念就产生了，它在后来的社会发展中根植于古人心中。五色最初指五行正色，清代满族统治者承袭了很多明代礼仪制度，在刺绣纹样色彩的使用上，最初

---

① 中国第一历史档案馆.圆明园.上海：上海古籍出版社，1991：831.
② 崔景顺.清代乾隆四十二年《穿戴档案》服饰研究.服饰文化研究（韩国），第7卷第5号：705-717.
③ 中国第一历史档案馆.咸丰四年穿戴档//中国第一历史档案馆.清代档案史料丛编（第五辑）.北京：中华书局，1980：232-322.

就是拿来主义的。明代宫廷的刺绣有一个非常重要的特征，就是五彩。古代五色通常指青、赤、黄、白、黑。明清时期的五彩已经超越了这五种颜色，但习惯上仍称"五彩"（《大清会典》中常写作"五采"）。早期礼制中的五彩就是指五色，如"五彩五就，缫谓织组，为藻饰以藉玉也，备五色为五彩，一匝为一就"①，但后来，尤其到明清时期，五彩的概念相当含混，甚至无法确定特指哪五种颜色。

清代织染局记载的五色经线带②，是大红、明黄、官绿、宝蓝、白色③，不是传统认知中的正色。对绣线、妆花绒的色彩进行分类统计后，可得到关于五彩的色名和色谱：

黄（10）：明黄色、金黄色、杏黄、柿黄、麦黄、葵黄、米色、秋香色、酱色、棕色；

红（5）：大红、桃红、水红、红色、鱼红色；

蓝（6）：宝蓝、深蓝、鱼白色、玉色、月白色、元青色；

绿（8）：官绿、深官绿、黄官绿、瓜皮绿、松绿、水绿、砂绿、豆绿；

紫（5）：藕荷、深藕荷、铁紫真紫、紫红色、青莲；

无彩色系（3）：黑、白、灰。

这个系统构成了清代乾隆至道光时期京内宫廷织绣品色彩的色谱，即五彩系统，黑、白、灰只作搭配色。

从清宫旧藏的便服中，我们可以看到不同时期五彩的搭配使用，如图4所示。

总之，清代宫廷刺绣在色彩的使用上，虽然自由但也遵循一定的章法：以黄色代表皇族至高无上的权力，以蓝色代表满洲的传统，以五彩标识宫廷的华贵。雍正以前，黄色、秋香色为皇帝、皇后专用，色彩组合以冷色调为主。乾隆以后对黄色的使用有了更为细致的规定，以红色为代表的暖色系大量使用，三蓝绣、五彩绣盛行，成为吉祥富贵的代表。

---

① 钦定四库全书·周礼句解（卷5）.
② 《清代内务府造办处档案总汇》中记录的这种经线带用量很大，最多时一年染636条。
③ 乾隆五十六年年销算染作（织染局099）.

图 4 雍正、乾隆、嘉庆、光绪时期宫廷五彩刺绣

a 纳纱绣五彩荷花鹭鸶图桌帏
清代雍正时期
b 舒妃吉服袍（局部）
清代乾隆时期
c 石青缎绣五彩芙蓉花卉补子
清代嘉庆时期
d 雪灰绸绣五彩博古纹对襟紧身料
清代光绪时期

4.纹　样

明清以后，纺织品的装饰纹样与吉祥顺遂紧密相连，图必有意，意必吉祥。在装饰上延续了明代的风格，后又发展出新的主题和意象，总体来说，创新意义不大。从明代开始，补子制度的出现使服装等级符号化，于是出现了固定表达等级的纹样及纹样组合。与宫廷密切相关的纹样有龙纹、蟒纹、凤纹、翟鸟纹等。另外还有一些纹样组合也被限制使用，如云纹、海水江崖纹。

（1）龙纹、蟒纹的使用

从康熙朝开始，五爪龙的使用范围为郡王、嫔、郡主、郡王侧妃以上，有清一代，一体通行，而且，只有帝后和妃嫔所穿吉服才能称为龙袍，其他人即便允许使用五爪龙纹也称为蟒袍。康、雍时期，四团龙使用范围是郡王、郡主、郡王妃以上，贝勒、贝子、县主至乡君使用二团龙。乾隆以后，郡王、县主、贝子夫人以上都可使用团龙纹，从《皇朝礼器图式》中可见，亲王至郡王用四团龙补，贝勒、贝子、固伦额附、郡君、贝勒夫人、贝子夫人用两团蟒补，八团为妃嫔专用。镇国公、辅国公、和硕额附、公侯伯用方蟒补。康、雍时期，五品以下不准用蟒袍，只准用蟒缎、妆缎、倭缎镶边。大臣官员有御赐五爪龙缎、立龙缎，俱令挑去一爪使用。到了乾隆时期，只规定七品以下不可使用蟒。实际使用中，正面龙比侧面龙等级高，坐龙比行龙等级高，金龙等级较高，圆补比方补等级高。

蟒从形态上与龙的区别主要在爪的数量，龙五爪，蟒四爪，但清代宫廷旧藏中，龙和蟒多为相似的纹样，只是穿在不同的人身上，有称谓上的差别。宫廷使用的龙蟒纹补子基本都是圆的，从故宫博物院的文物库数字资料里，未发现收藏有方蟒补的情况。龙的各种形态如图 5 所示。

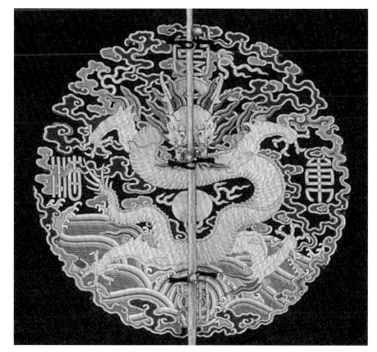

图5　清代宫廷刺绣中的龙／蟒纹
a 平金满绣云龙纹袍料上的正龙纹
清代康熙时期
b 平金满绣云龙纹袍料上的行龙纹
清代康熙时期
c 石青色缎绣四团彩云福如东海金
龙纹夹衮服上的团龙纹
清代康熙时期

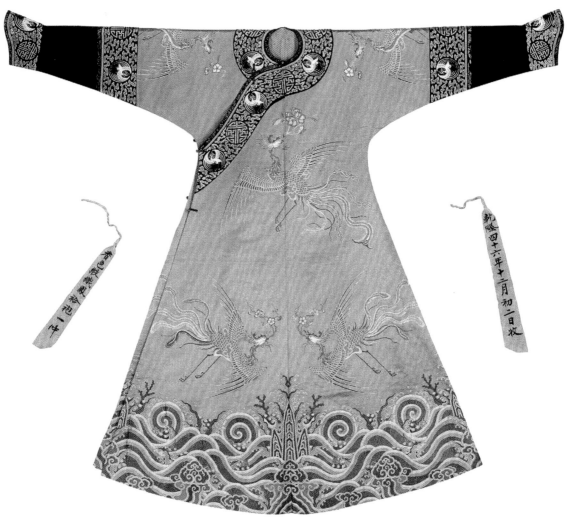

▲ 图 6　香色织凤纹吉服
清代乾隆时期

（2）凤纹、翟鸟纹的使用

凤纹、翟鸟纹的使用规则在康熙时期就已固定下来：妃以上可以使用凤纹，郡王妃以上可以使用翟鸟纹。但从清宫旧藏的记录来看，并没有那么严格。如图 6 所示，清宫旧藏中有一件香色织凤纹吉服，是一位宁常在遗留下来的，当然，也有可能是"赏遗念"。

（3）云　纹

云纹是清代最常用的一种装饰纹样，可作底纹，可作主题纹样。云的大小、形态寓意使用者的身份和时代特征。

云纹是一种历史悠久的传统纹样，商代以前云纹比较几何化，通常是作为边饰，主要由基本的涡旋状构成元素（也称云勾勾，"℃"或"ᓬ"）组合变体，表现为"C"形（或"◠"形）、"S"形（或"〜"形）结构模式。涡旋状（也称勾卷状）是以后云纹变化中最稳定的构成元素，勾卷状云纹相反外旋（⬧⬧，后文称外旋双勾卷）和相对内旋（⬧⬧）的对接形态是以后云头的主要形式，内旋（⬧⬧）是后来如意云的基本骨架和主体形态。汉代前后开始流行"云气纹"，有完整的云元素（云头、云躯、云尾）。魏晋南北朝时期，云气纹进入了更高的审美境界，出现了一种新的形式——朵云（⬧），开启了云纹演绎的新格局。此后的各种云纹基本都是在朵云基础上进行的组合、变体和嫁接，形成各种形态的团簇云和叠云。唐代是云纹由抽象、简单向意象、复杂转化的时期，朵云纹是这个时期的代表，并发展出了新样式（如如意形"⬧"）。宋代云纹也是以朵云样式为主，但形态复杂化（如"⬧"和"⬧"）。此后，云纹渐渐脱离了云本身的气动之美，走向样式化。元代的朵云纹在保持"朵状"整体感的同时，更体现出较强的组合感。明代是云纹进入全新的图案化的时期。团簇云的结构中，朵云和基本的云元素"云头""云

▲图7　明代云纹类型

尾"呈现各种组合形式，^①其中最具时代特征的是四合如意云（图7a）、卧云（云头为如意形、尾部尖细，图7b）、大小勾云（两头尖、中间是卷云，根据云纹大小和卷云多少可分为大、小勾云，图7c、7d）、和合云（两个卷云相对接的勾合形式，图7e）等。^②

万历时期的云纹奠定了清代云纹装饰的基础。万历时期，朵云有三种形态：一是带飘带，飘带较粗，云头较小；二是云头拉长，无头无尾；三是如意形加飘带数条，不分头尾。清代云纹形式可分为三类：朵云、团簇云和枝状云。

朵云分为规则形态和不规则形态。规则形态又可进一步分为三种：小朵云、卧云、勾云。小朵云为一个云头加一个云尾；卧云，有直立姿态的云头，身体多采用卧式或斜卧式，云尾往往会有小

---

① 徐雯.中国云纹装饰.南宁：广西美术出版社，2000.
② 赵丰.中国丝绸艺术史.北京：文物出版社，2005：181.

朵云修饰；勾云，一般为云勾勾合而成，有两条云尾。不规则形态包括：以朵云为主体，在某些部位增加一些小云头、小云尾的修饰；云本身姿态的改变；云元素的无规律自由组合。

团簇云（或称团云）由若干云头或小朵云组合而成，或大或小，云尾时有时无，具有一定的体量感，也可分为规则形态和不规则形态。规则形态包括四种，即如意云、串云、盘云、叠云及它们的变体形式。如意云具有强烈的明代风格，包括四合云、三合云等形式；串云比较平直，以水平或竖直居多，云头不突出，但有明显的躯干，对称或不对称地装饰一些小云勾，云尾时有时无；盘云是明代后期出现的，形态上是一组团簇云盘踞在一个"横杆"上，实际是美术作品中云气的变体，如图8①所示，云层的光线在织绣中看似"横杆"，所以也称筷子云；叠云，取自龙袍底摆海水江崖纹中的云纹，如图9②所示，上面是层叠的勾卷状云头，下面是弯曲排列的云气③，由两侧向中间聚拢，层层叠叠，呈现出华丽感、立体感和纵深感，是清代宫廷纹样的典范。

枝状云，造型上如树枝状曲折多杈，结构上是若干云头相连，云尾时有时无。云头可以是如意形、灵芝形、珊瑚状等，因此，根据云头的形态，人们也将某些枝状云称为珊瑚云、骨朵云、灵芝云等。

---

① 《北京文物鉴赏》编委会 . 明清水陆画 . 北京：北京美术摄影出版社，2005：64.
② 张琼 . 故宫博物院藏文物珍品大系 · 清代宫廷服饰 . 香港：商务印书馆，2005：62.
③ 形式类似于甲骨文中的"彡"（即"气"）字。

▲ 图 8　清代水陆画中的云气纹

▲ 图 9　乾隆龙袍底部云纹
清代乾隆时期

清代不同形态的云纹如图 10 所示。

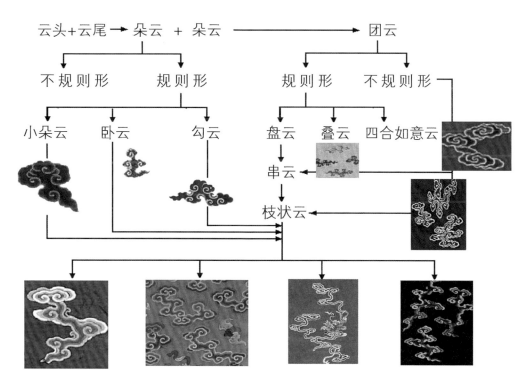

▲ 图 10　清代不同形态的云纹

（4）海水江崖纹

海水江崖纹是从明代延续下来的，作为清代龙袍上一种程式化的装饰纹样，一般由水纹、浪花、山纹、云纹、杂宝纹及其他一些吉祥纹样构成，常装饰在等级比较高或穿着者身份比较高的服饰边缘处，不作为主题纹样。

水纹是海水江崖纹的主体纹样，一般由平水和立水构成。平水为水平的波浪状，立水为彩色条纹倾斜状。平水和立水之间还会装饰其他纹样，如云纹。典型的海水江崖纹样如图11所示。

其实"立水"并非水纹，而是由叠云纹的"云气"演化而来的。它与山纹组合在一起，犹如祥云托起海上仙山一般，寓意"寿山福海"。海水江崖纹便是由云托起的山和水，随着云气纹被程式化，五色祥云的云气最终变成了五色的"立水"。通过研究叠云纹的数量，"立水"的长短，平水的层数（主要根据水势计算），山的形态、数量和位置（山一般三个连在一起成为一座，寓意仙山，如果三座山分布在平水之中，寓意"蓬莱三岛"），水面的装饰等，可以看到清代不同时期的装饰特征。

平水

立水

▲ 图11 海水江崖纹中的平水和立水

（三）刺绣品在宫廷的广泛使用

　　清代宫廷纺织品使用量巨大，为了彰显皇家威仪，对色彩、花纹尤其重视。有花纹的织物从技术角度可分为织、绣和综合方法三种，其中绣的比例最大。根据用途，刺绣品可分为室内生活，仪卫、宗教，服装，配饰和佩饰，其他五类。

1. 室内生活

　　室内生活绣品有装饰和实用两种用途，一般可分室内装饰类，寝具、家具装饰类，日用品等。

　　室内装饰类：日用的帘（包括夹帘、门帘、室内空间间隔软装饰帘，如图 12 所示）、围（也写作帏，是围住家具的纺织品，如图 13 所示）、帐（较高的家具在使用时用来围挡的纺织品，如图 14 所示）、屏风（主要指放在地上分隔室内空间的座屏、放在桌上的插屏以及挂在墙上的挂屏，屏心有时使用绣品，如图 15、16 所示）、贴落（殿堂墙上裱贴的装饰画，如图 17 所示）、地毯等。

　　寝具、家具装饰类：被面（如图 18 所示）、枕（如图 19 所示）、靠背（宫廷常见坐具使用纺织品的名称如图 20 所示，靠背实物如图 21 所示）、垫（通常指坐具上的软垫，与靠背是成套的，如图 22 所示）、迎手（有不同形状，如图 23 所示）、椅搭（如图 24 所示）等。

图 12　室内装饰用帘
a 储秀宫内紫檀八方罩
b 养心殿东暖阁垂帘（听政处）
c 乾隆香色缎绣五彩花鸟纹门帘

▲ 图 13　纳纱绣五彩荷花鹭鸶图桌帷
清代雍正时期

▶ 图 14　红缎绣五彩百子戏图帐料
清代光绪时期

◀ 图 15 木边绣梅花图屏
清代

▼ 图 16 驼色绸绣五彩芙
蓉石榴绶带图屏心
清代乾隆时期

▲ 图 17　明黄绸绣彩地山水楼阁图贴落
清代中期

▲ 图 18　缎绣五彩莲蝠纹夹被
清代光绪时期

▲ 图 19　黄色缎绣葫芦卍字龙凤纹枕头
清代

▼ 图 20　黄色江绸绣云蝠勾莲纹坐褥
清代光绪时期

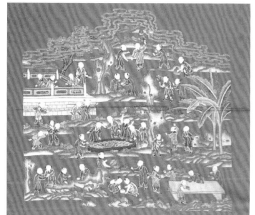

▲ 图 21　红缎绣百子观蝠图宝座靠背料
清代光绪时期

▶ 图 22　红缎绣百子放风筝图垫料
清代光绪时期

图 23　不同形状的迎手
a 黄色缎绣勾莲福寿纹迎手
清代乾隆时期
b 黄色缎绣勾莲福纹迎手
清代乾隆时期

▲ 图 24　红色缎绣五蝠捧寿暗八仙纹椅帔
清代

　　日用品主要有手巾，梳妆用具如粉盒、粉扑，进食用的怀挡等，区别于随身携带的物件，主要是室内生活使用的物件，如图 25 所示。

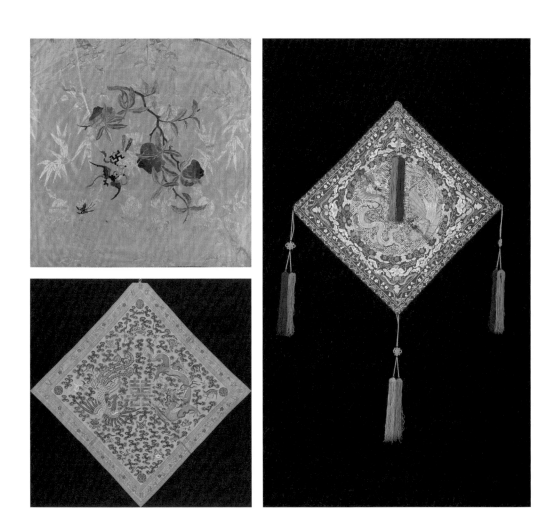

图 25　清朝宫廷刺绣日用品

a 香色绸绣花手帕
　清代光绪时期
b 黄色绸绣龙凤双喜纹夹怀挡
　清代光绪时期
c 红色绸绣彩云蝠金龙凤纹盖头
　清代光绪时期
d 黄色缎平金绣五毒葫芦纹粉盒
　清代同治时期

2. 仪卫、宗教

包括武备仪仗用绣品和宗教活动用绣品。

武备仪仗用绣品：卤簿陈设用的幡、伞、盖、旗、纛、扇、幢、旌、麾、轿辇等，用于出行、仪式等场合。为彰显皇家威仪，《大清会典》对这些礼器的色彩纹样都有严格要求，一般会用到刺绣工艺。具体形制可参见《乾隆南巡图研究》①。一些实物如图 26 所示。另外还有马具的鞍鞯也会用到刺绣，如图 27 所示。

图 26　宫廷武备仪仗用绣品
a 明黄色缎绣云金龙戏珠纹三角纛
清代
b 红色纱绣云纹飞虎旗
清代

a｜b

◀ 图 27　黄色缎绣云龙八宝纹鞍鞯
清代

① 中国国家博物馆 . 乾隆南巡图研究 . 北京：文物出版社，2010：208-213.

宗教活动用绣品：殿堂陈设的一些帘、帐、桌围、垫、盖、佛衣、幡等，一般都是成套制作，成套使用。大殿内使用的挂幡如图 28 所示。

图 28　宫廷宗教仪式用绣品
a 花缎绣云龙纹挑幡
清代
b 绸地绣花幡
清代

a ｜ b

3. 服　装

使用刺绣的服装主要包括礼仪服饰（礼服、吉服）、便服和戏曲服饰。

宫廷的礼服是吉礼、嘉礼等重要场合穿着的正式服装，分男性和女性。男性礼服有衮服、朝服（也称朝袍）；女性礼服有朝裙、朝袍、朝褂。皇帝衮服与吉服褂通用，自康熙以后均为石青色地，四团龙；乾隆朝以后，皇帝衮服还会在肩部装饰日、月章纹。衮服样式如图 29 所示。皇帝朝袍自雍正以后，正式使用四种颜色，夕月用月白色，祈谷用明黄色，祭天用蓝色，朝日用红色，形制相同（冬款会因使用毛皮而略有不同）。男朝袍款式如图 30 所示。女礼服是成套搭配，由于有些祭祀活动女性并不能参与，所以女朝袍（图 31a）的颜色只有黄色的等级之分，朝褂（图 31b）用石青，朝裙穿在里面，只露出片金的衣边，很少用刺绣。整体搭配如图 31c 所示。

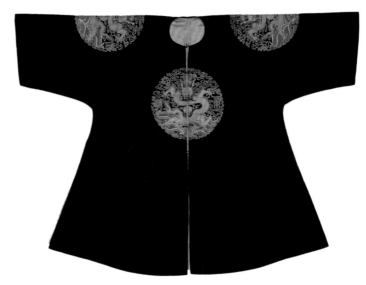

▲ 图 29　石青色缎绣四团彩云福如东海金龙纹夹衮服
清代康熙时期

图 30　男性朝袍
a 明黄色缎绣金龙纹朝袍（正面）
清代乾隆时期
b 大红色缎绣彩云金龙纹夹朝袍（背面）
清代嘉庆时期

图 31　女性宫廷礼服
a 明黄色缎绣彩云金龙纹女夹朝袍
清代雍正时期
b 石青色纱绣彩云金龙纹夹朝褂
清代雍正时期
c 清人画孝恭仁皇后像轴

　　吉服是某些吉礼、嘉礼、军礼场合穿着的正式服饰，也分男性和女性。皇帝吉服褂与衮服相同。后妃的吉服褂为八团样式，以图案分等级，又分有水和无水两种形式，如图 32 所示。皇帝、后妃所穿的吉服袍也叫龙袍。女性还有一些特定场合的吉服袍没有龙纹装饰，在本该绣龙的位置以其他主题纹样代替。男女龙袍在款式上的差别是男龙袍四开裾，女龙袍前后不开裾，且在素接袖上面有一段花袖，除了黄颜色使用有等级，其他可根据个人喜好使用，因此，女龙袍比男龙袍的装饰方法多样一些。具体如图 33 所示。

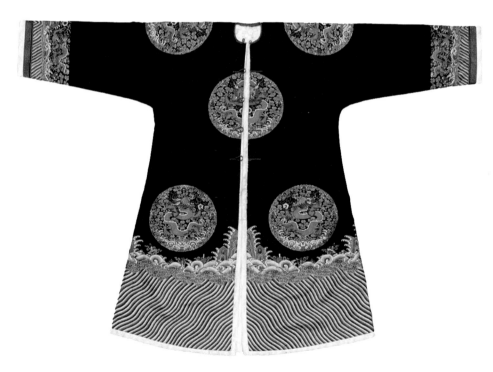

▲ 图 32　石青色江绸绣八团彩云金龙纹银鼠皮龙褂
清代道光时期

图 33　男女吉服袍

a 蓝色纱绣缂米珠彩云蝠花卉暗八仙龙纹男棉龙袍
清代乾隆时期

b 明黄色缎绣彩云八宝金龙纹女夹龙袍
清代雍正时期

　　除祭祀和政务活动外，生活在宫廷的人基本都穿便服。便服为满族传统服饰，有袍、马褂、坎肩、裤等。女性的便服比较有特色，较正式的有氅衣和衬衣两种，两者的区分是氅衣两侧开衩并镶边，衬衣不开衩，如图34所示。马褂以素面或织纹居多，刺绣多为女性使用，如图35a所示。刺绣坎肩比较常见，男女都有使用，如图35b所示。女性常用的还有长款坎肩，也称褂襕。

　　清代是戏曲发展的重要时期，宫廷戏服按角色可分为生、旦、净、末、丑。戏曲行头指成套服饰，比较程式化，款式上兼见明清两代的服饰特征，以刺绣装饰居多，技术特征与宫廷服饰一致。装饰上融合了礼仪服饰和便服的装饰纹样，以符号化、世俗化为主要特征，本书不赘述。

图34　女性便服（氅衣、衬衣）
a 洋红色缎打籽绣牡丹蝶纹夹氅衣
清代道光时期
b 明黄色纱绣菊花寿纹单衬衣
清代光绪时期

图 35 女性便服（马褂、坎肩）
a 明黄色绸绣绣球花纹棉马褂
清代
b 酱色江绸钉绫梨花蝶纹镶领边女夹坎肩
清代同治时期

4. 配饰和佩饰

配饰主要指搭配穿着如鞋、袜、补子、帽、袖头、衣边等的饰件，如图 36 所示。佩饰是清代特有的在身上系挂的小物件，有礼仪用品的性质，同时兼具实用性，如收纳类的荷包、袋、褡裢、香囊、表套、扇套、盒、名片夹等（如图 37 所示）以及巾帕类的彩帨、手帕等（如图 38 所示）。

图 36 服饰类配饰
a 米色缎绣花盆底女夹鞋
清代光绪时期
b 明黄色绸绣云龙袜
清代康熙时期
c 平金绣云鹤纹补子
清代乾隆时期
d 湖色纱绣菊花纹领饰
清代光绪时期

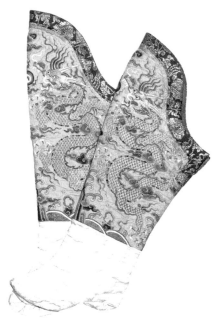

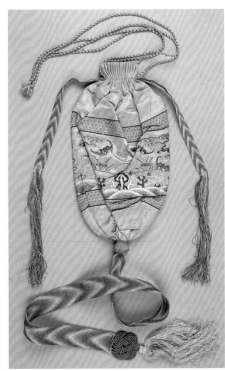

图 37　收纳类佩饰
a 红青色缎边黄色缎心绣勾莲寿纹椭圆荷包
清代乾隆时期
b 黄色缎绣蝠鹿纹口袋
清代乾隆时期
c 黄色缎绣太狮少狮百鸟朝凤纹扳指套
清代光绪时期
d 白色缎广绣公鸡牡丹松鹤纹褡裢
清代
e 黄色缎锁绣灵仙祝寿纹名片盒
清代光绪时期

▲ 图 38　大红缎绣花卉纹彩帨
清代

5.其 他

其他类指书、画等欣赏性为主的绣品，有册、页、卷、轴、经皮、扇等形式。明清时期流行刺绣书画。在明代，顾绣闻名天下；在清代，顾绣仍是宫廷刺绣中显赫的一支。图39所示为康熙年间的米色绫地绣雪景探梅图轴；图40所示为同治年间的绣球海棠图中堂，枝繁叶茂，气韵生动，为宫廷珍品。宫廷存有大量经书，经皮通常用纺织品制成，其中也不乏一些刺绣作品。扇是最常见的刺绣小品，常见有折扇和团扇，扇面构图追求意境和做工精良，有较强的实用性和欣赏性，如图41所示。

▶图39 米色绫地绣雪景探梅图轴
清代康熙时期

◀ 图 40　米色绫地绣球海棠图中堂
清代同治时期

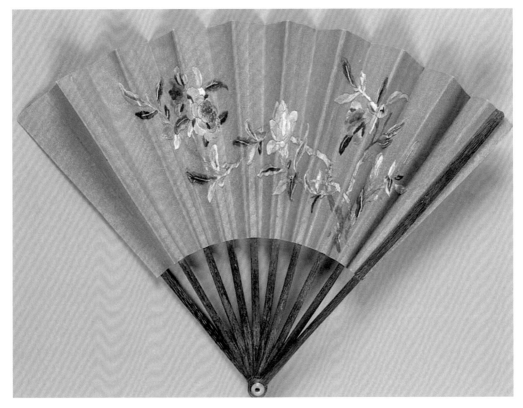

▲ 图 41　棕竹股纸绢面绣画石榴花栀子图面折扇
清代

（四）清代宫廷绣品遗存

无疑，生活在宫廷里的人十分珍惜绣品，但绣品作为实用的消耗品，会随时间褪色、破损，会遗失，会被替代。当成品破旧时，一些完整的刺绣花样往往会被剪下来保存，另作他用。目前，我们能够确认的宫廷绣品一般是以其成品的样貌鉴别的，它们存在于国内各大博物馆，也通过礼尚往来、买卖等方式流出国门，保存在国外的收藏机构，当然目前也有一些仍然流通于文物交易市场。清代织绣的年代属性不难鉴别，但宫廷属性却十分难以界定。瓷器等器物会有一些款识，绣品则不同，除非有十分明确的记载，或与相关文献相印证，否则非常难以辨识，因为仿制相对容易。

故宫博物院曾是明清两代的皇宫，目前保存了大量宫廷遗存，其中清代绣品达 63484 件[①]，品类繁多，基本涵盖了各类收藏机构的绣品类型。因此，通过统计故宫博物院的绣品收藏，可以一窥清宫绣品面貌。

故宫博物院官网数据显示，清代刺绣品收藏总量为 72216 件，绝大部分可以根据文物名称判断技术和用途。以下将按本书的分类方法进行统计，无法界定的归入其他类别。

---

① 数据根据故宫博物院官网数字文物库所列实物统计。

1. 室内生活类

室内生活类刺绣品共计 8068 件，占刺绣品总量的 11%。

空间装饰类绣品包括帐、幔、帘、屏、隔扇心、地毯等，共 893 件，占此类的 11%。寝具类绣品包括炕毯、炕单、褥、被面、枕头等，共 667 件，占此类的 8%。家具（桌椅几踏等）装饰类绣品，共 4284 件，占此类的 53%。固定室内用日用品类包括手巾、粉盒、粉扑、怀挡、围嘴等，共 1013 件，占此类的 13%。此外还有部分绣品可以判断属于室内生活类，但名称上不明确分属哪一细类的绣品，如套、饭单、袱、手笼、口袋、活计料（占较大比例）等，共 1211 件，占此类的 15%。

2. 仪卫、宗教类

仪卫用刺绣品主要包括出行或礼仪活动的仪仗；宗教活动用刺绣品主要是与佛教活动有关的物品。此类绣品遗存较少，共 120 件。

3. 服装类

服装类刺绣品包括礼仪服饰、便服和戏曲服饰，共计 17066 件，占刺绣品总量的 24%。

礼仪服饰共 5022 件，占服装类绣品总量的 29%，其中衮服 271 件、朝袍（料）186 件、朝褂（料）55 件、朝裙料 18 件、吉服袍 16 件、吉服褂 22 件、补服 24 件、龙袍 976 件、龙纹袍（料）

1749 件、蟒袍 54 件、龙褂料 637 件、龙纹褂（料）809 件、有水褂（料）202 件、八团花褂 3 件。便服共 5718 件，占服装类绣品总量的 34%，其中氅衣（料）1304 件、衬衣料 289 件、马褂（料）1169 件、紧身料 1019 件、袍（料）1691 件、坎肩 214 件、其他 32 件。戏曲服饰共 6054 件，占服装类绣品总量的 35%。因为戏曲服饰类型比较特殊，不具有通用性，故不放在其他分类中统计，因此这个数据的统计包括了服装和配饰，其中戏衣（体衣）5571 件、巾帽 427 件、靴 6 件、大带 50 件。此外，其他服饰共计 272 件，占服装类绣品总量的 2%，其中褂（料、拆片）64 件、袍 9 件、驾衣 63 件、佛衣 3 件、佛帽 88 件、仪仗 2 件、袄等 43 件。

4. 配饰和佩饰类

配饰和佩饰类刺绣品共计 45344 件，以清晚期居多，占刺绣品总量的 63%。

刺绣配饰共 18594 件，占此类的 41%，其中帽类 607 件、鞋靴 1864 件、袜 63 件、披领 179 件、手套围巾 7 件、带类 129 件、补子 10409 件、领袖边 5312 件、绦边 24 件。随身系挂的小件刺绣品共计 26750 件，占此类的 59%，包括荷包、香囊、表套、名片夹、手帕、彩帨、镜子等活计。[1]

---

① 活计指小件的手工制品，单件或成套。这里的活计主要指小件刺绣品或日用品，不特指哪一种，通常成组制作，配套使用。档案中有时会分开用特定名称记录，如荷包、靴掖，也会成组记载为活计。

5. 其他类

这类绣品包括装饰欣赏性刺绣品、绣料和其他难以划分类别的刺绣品，共计 1618 件，占刺绣品总量的 2%。

册页、片、卷、轴、屏心等书画类共 510 件，其中裱片 11 件、册页 119 件、轴 253 件、卷 18 件、镜心 58 件、其他 51 件。经皮、扇面等装饰赏玩类绣品共 8 件，其中扇 4 个、经面 3 件、灯笼片 1 件。除此之外，还有一些所见资料不足以判断其类属或数量极少无法归入以上类别的刺绣品，如飘带、棺罩、兜巾等，有 324 件，还有绣料、料头、拆片、绦边等 776 件，总计 1100 件。

故宫丰富的绣品涵盖了生活的方方面面，为研究清代宫廷刺绣提供了前提和契机，为研究者探索流行样式、时代生活以及技术和风格的演变过程提供了强有力的实证。

二

清代宫廷刺绣的制作技艺

中　国　历　代　丝　绸　艺　术

从广泛意义上来说，皇家的刺绣技术也是来自民间的，并不存在一种独有刺绣技术为皇家专属，但顶级的技术往往收拢于宫廷。宫廷绣品也不完全产生于宫廷和官营织造，虽然宫廷有专门的部门负责刺绣，各宫的主仆也个个擅长女红针黹，但由于需求量巨大以及赏赐等方面的需求，还是有一些绣品通过购买、敛派的方式从民间征收而来，统一存放于广储司的库房。大部分绣品带有非常明显的技术风格特征。

（一）主要技术风格

明代刺绣在技术表现上已呈现出鲜明的南北风格。北方刺绣以洒线绣、缉线绣、衣线绣为特色，南方则以画绣独领风骚。北方风格豪放；南方画绣因模仿名人画风则以精致为追求，尤其是明中后期出现的顾绣，将画绣技艺推向一个高峰。清代刺绣承继于明代，与满族习俗相结合，形成特有的时代风格。苏绣、湘绣、粤绣、蜀绣以鲜明的地域风格在清代树立盛名，成为延续至今的"四大名绣";京绣、鲁绣也以其独特的表现形式成为宫廷刺绣的重要组成部分。明代以来，顾绣一直在欣赏性方面独树一帜；清晚期，仿真绣后来居上，开启了画绣的新纪元，推动中国刺绣艺术达到巅峰。

1. 顾 绣

顾绣来源于明嘉靖年间（1522—1566 年）进士顾名世家族，因顾名世曾筑"露香园"于上海九亩地，故又称其刺绣为"露香园绣"。

顾绣以顾名世长子之妾缪氏为开端，继承宋元传统技艺之外，创造了以画补绣的新品种。令顾绣闻名天下的是顾名世次孙媳韩希孟。韩氏善画，绣工技艺超绝，因此在表现绘画名作上色彩、针法配合绝妙，刻画图纹细致入微，被誉为"天孙织锦手，出现人间"，世称"韩媛绣"，作品多以宋元时期的名人画作为蓝本。当时的大书画家董其昌见到韩氏所绣《宋元名迹方册》后，发出了"技至此乎"的惊叹。顾氏后人高手如云，在清初广收门徒，名气日盛，在清代风靡整个长江中下游地区，被赞为"声震海内"，并发展出发绣等新品种。

顾绣的特点是以素绫作底衬，以线代笔，以画补绣，运用丝线的不同色彩、针法的疏密逆顺及丝理的走向和排列来表现纹饰。顾绣既能摹绣出书画的笔情墨趣和神韵，又能表现出绘画所不及的细腻质感，达到运针如笔的艺术境界。顾绣构图丰满，空间层次清晰，风格古朴高雅。顾绣这种模仿绘画的技法，对后来的欣赏性刺绣影响颇大，不论官、民刺绣，皆以其为标准，顾绣几乎成为丝绣美术工艺的代称。

2. 苏　绣

苏州的刺绣工艺早在宋代就很有名，明代以后发展壮大，到了清代，苏州刺绣达到繁盛，已是绣工汇聚如云，绣庄鳞次栉比，在全国享有"绣市"美名。正因如此，作为宫廷织造的苏州织造局每年承担了大量宫廷刺绣的重任，甚至要向北京输送技艺精良的绣工服务于宫廷。

清代苏绣继承了宋、明绣画的衣钵，讲究以针代笔，突出针法的效果，还吸收了顾绣及西洋画的特点，创造出光线明暗对比强烈、图纹富有立体感的刺绣风格。从工艺上看，苏绣大多以套针为主，绣工细密，不露针迹，丝理圆转自如，绣面平整和谐，善留水路。技巧上具有"平、齐、细、密、匀、和、光、顺"的传统特点。配色上讲究丰富多彩、淡雅秀丽，多采取同类色调或含灰对比的退晕法配色，忌讳大红大绿。绣出的画面自然，色彩变化微妙、艳而不俗、雅而不薄，以精细素雅闻名于世。从宋代"两面针"工艺发展而来的双面绣，也是刺绣中的极品，它以一次刺绣在织物正反两面形成色彩、花纹完全一致的两幅图案为特色，乾隆皇帝的龙袍就采用过这种工艺。

3. 湘　绣

湘绣起源于楚绣和汉绣，但成名较晚，大约在 19 世纪末，湖南长沙出现第一家自制自销的吴彩霞绣坊后才逐渐显露名气。最初，湘绣以绣制日用品为主，后逐渐转向摹绣绘画。其发展充分吸收了苏绣和粤绣的优点，特别强调色彩的阴阳浓淡效果，用色比苏绣浓重，但不如粤绣鲜艳，以着色富于层次、绣品若画著称于世。湘绣针法丰富，绣工细腻，图纹生动逼真，尤其是对动物的表现，惟妙惟肖。

湘绣的特点是构图严谨，色彩鲜明，通过丰富的色线和千变万化的针法使绣品富有表现力，其中最富有表现力的方法是丝绒线的使用。丝绒线是一种经过特殊加工的无捻丝线，是将绒丝进行防止起毛处理后再进行刺绣。在针法上，湘绣最具表现力的针法是接参针，它使作品具有强烈的真实感。双面绣也是湘绣的一大特色。

4. 粤　绣

位于中国南部沿海的广东地区经济开发较晚，当地的刺绣业直到明末才出现，但经百年发展，其绣品也成为中国最具特色的地方绣之一，在"四大名绣"中占据一席之地。因广东简称粤，故广绣和潮绣也被统称为粤绣。粤绣最大的特点是精致华丽、民俗性强。

精致华丽体现在针脚齐整、配色鲜艳和使用线材华丽。粤绣一般来说构图比较丰满，用色非常明快，除了一般刺绣绒线外，还使用特殊的绣线如捻金线、孔雀羽等，成品价格十分昂贵。孔雀羽是十分贵重的织绣材料，制线工艺复杂，对织绣技术水平要求较高。粤绣中使用孔雀羽在明末清初屈大均的《广东新语》"鸟服"条有明确记载：有以孔雀毛绩为线缕，以绣谱子及云章袖口，金翠夺目……此外，粤绣还使用马尾缠绒作线，勾勒花纹轮廓，也有华丽的效果。

粤绣自然工整，奢华绚丽，为宫廷所喜爱。品种大至屏幛、屏风、画轴，小至荷包扇套以及宫廷便服、传统戏衣、堂彩，无不具备。从实物上看，图案多作写生花鸟，照民间审美习惯进行创作，形式与绘画格调不同，富于装饰性。常以龙、凤、孔雀、仙鹤、猴子、羊、鹿、狮子、麒麟、公鸡、牡丹、松树等为题材，以吉祥为主题组成画面，如双龙戏珠、丹凤朝阳、孔雀开屏、百鸟朝凤、三阳开泰、金鸡报晓、狮子滚绣球、麒麟送子等，这些喜气的组合形式也成为民间模仿的经典样式。粤绣在清后期十分流行，大量出口海外，据史料记载，仅光绪二十六年（1900 年）经广州海关出口的粤绣价值就达 49 万两白银，其畅销程度由此可见一斑。

5. 蜀　绣

众所周知，古代巴蜀地区以蜀锦闻名，但据东晋常璩《华阳国志》记载，魏晋时期蜀绣即与蜀锦并称为蜀中瑰宝。可见，在"四大名绣"中，蜀绣诞生最早，在西汉和晋时已经流行。明清时期的蜀绣立足于当地民间刺绣，汲取顾绣、苏绣的长处并有所发展，至清道光年间（1821—1850 年）形成产业结构。蜀绣以制作日用品居多，题材多为花鸟鱼虫、人物山水、民间传统纹饰等，具有喜庆色彩。蜀绣构图简练疏朗，用线厚重工整，光亮平整，色彩鲜丽。其针法达百余种，常用针法有晕针、铺针、滚针、截针、掺针、沙针、盖针等。蜀绣针脚齐整，花纹边缘如同刀切一般，这也是蜀绣的最大特点。

6. 京 绣

京绣是明清时期在北京民间刺绣基础上发展起来的地方绣，又称宫绣，以刺绣服饰、生活用品为主，尤其以绣制戏衣最为著名。由于地处皇都，京绣颇受宫廷绣精工细丽之风的影响，加上继承和改进各地刺绣特别是顾绣和苏绣的工艺，终于形成京绣结构严谨丰满、装饰华丽、规矩工整的特点。京绣的最大特点是绣线配色鲜艳，其色彩与瓷器中的粉彩、珐琅色相近，并以图案秀丽、针法灵活、绣工精巧、形象逼真为主要特色。京绣以工艺划分，主要有洒线绣、平金绣、缉线绣、纳纱绣、堆绫绣、穿珠绣等，尤以捻金线和捻银线盘成纹样，用色彩相异的丝线钉牢的平金绣名扬大江南北，与顾绣并称"南绣北平"。

7. 鲁 绣

鲁绣起源于山东，流行于山东、河北、河南等地，因为它多以加强捻的双股衣线为绣线，也称"衣线绣"。从地域角度看，如果顾绣和苏绣属于南绣系统，京绣和鲁绣则属于北绣系统。

鲁绣常用暗花织物作底衬，针法上采用齐针、打籽针、滚针、套针、擞和针、接针等方法，构图丰满，设色丰富明快。题材上则多为民间喜爱的人物、鸳鸯、蝴蝶、芙蓉、莲花、牡丹等图案，寓意吉祥。整体来看，鲁绣鲜艳明亮，针法粗放，花纹线条苍劲雄健，具有北方民族艺术特征。鲁绣作品实用性占首位，但亦不乏观赏性实例。

8. 仿真绣

仿真绣是清晚期出现的，发明者是中国近代杰出的刺绣艺术家和教育家沈寿。

沈寿（1874—1921 年），江苏吴县人，原名沈云芝，字雪君，号雪宧，因绣斋名"天香阁"，因此别号称天香阁主人。她自幼读书习字，七岁学习刺绣，全面继承了中国古代传统的刺绣针法。受西方绘画运用光影表现物像的影响，她不断钻研，"循画理，师真形"。出国考察后，发明了仿真绣，其中最有代表性的是"散针"和"旋针"。散针是在"虚针""肉入针"的针法基础上创造的，是用极细的绣针稀稀地施绣，表现云烟散开后的微妙变化等；旋针是用接针或滚针的方法，将丝理旋转排列，能表现龙蛇的蜿蜒。

沈寿有很多著名的作品传世。《意大利帝后肖像》《耶稣像》《美国女伶倍克像》等，受到世人称赏。《意大利帝后肖像》作为国礼赠予意大利，曾在都灵世界万国博览会中国工艺美术馆陈列，获"世界至大荣誉最高级之荣誉奖凭"。

沈寿晚年在江苏南通其好友张謇（曾任北洋政府实业部长）创办的女子师范学校女工传习所任职，传授绣艺。1920 年，沈寿病重，在张謇的帮助整理下，写成《雪宧绣谱》一书。此书不仅对刺绣涉及的事务逐一阐述，也对绣工的思想品德、艺术修养、创作方法等进行了系统精辟的论述，尤其是把我国自唐宋画绣、明代顾绣乃至沈寿的美术绣所用的刺绣针法，分析归纳为 18 种，即齐针、正戗针、反戗针、单套针、双套针、扎针、铺针、刻鳞针、肉入针、羼针、接针、绕针、刺针、抛针、施针、旋针、散整针、打籽针。该著作是珍贵的文化遗产。沈寿对中国古代刺绣的继承和发扬功勋卓著。

（二）基本工艺流程

1. 绣　具

刺绣的基本工具有绣绷、绣架、剪刀、绣针。[①]

绣绷大小以绣地的幅宽作为标准，根据所绣尺寸大小有大绷、中绷、小绷三种样式。大绷通常用来绣袍服，尤其是便服的边缘，也称边绷；中绷一般用来绣衣袖边缘，所以称为袖绷；小绷则用来绣活计、童鞋、女鞋等小件绣品，称为手绷。以中绷为例，内外两根横轴，各长二尺六寸（约 92.3 厘米）[②]，轴的两头，各有一个三寸长（约 10.7 厘米）的方木条，而中间二尺长（约 71 厘米）的轴身是圆的。方木条往里一寸八分（约 6.4 厘米）的地方，有个插闩的洞，洞长一寸二分（约 4.3 厘米），外轴中间宽四分（约 1.4 厘米），内轴中间宽三分（约 1.1 厘米），闩的榫头和插闩的洞大小一致，闩长则为一尺八寸四分（约 65.3 厘米）。闩的内端从一寸（约 3.6 厘米）处开始打洞，如豆子般大小，像雁群飞行一般整齐排列，间隔七分（约 2.5 厘米），约有十四个洞。绷布用宽幅布与绣地两端缝合，宽窄则视绣地大小而定。绷边竹有如粗的筷子，左右各一根，长短不一，一尺（约 35.5 厘米）较为适中。绷绳左右各一根，用十四股白棉纱的线捻成。绷钉左右各一根，长度为一寸五六分（约 5.5 厘米）。

绷架有三只脚，两只脚在外（位于左右两侧为外），一只脚在内，架高二尺七寸（约 95.9 厘米）。内脚位于两个外脚的正中央，

[①]　文字部分参考《雪宧绣谱图说》第 38—47 页，图 42 为该书第 46 页原图。
[②]　按晚清裁衣尺 1 尺 =35.5 厘米计算。

距离外脚一尺二寸（约 42.6 厘米）。外脚之间有两个横档，下档为方形，离地面一尺高（约 35.5 厘米）；上档为圆形，距离下档一尺三寸（约 46.2 厘米），用来悬挂擦手的毛巾。下档与内脚之间连着一根横档，与下档成一个丁字形。绷架的架面长度为二尺一寸（约 74.6 厘米），宽度为三寸（约 10.7 厘米），高度为八分（约 2.8 厘米）。架脚的绝对高度是根据中等身高设计的，为二尺六寸二分（约 93 厘米），如果过高或是过低，可以斟酌调整绷架的高度。坐具，即坐的凳子也是如此，高度为一尺四寸（约 49.7 厘米）。绷架的高度要合适，太高或太低都会造成身体的不舒适，长期下去，会积劳成疾。

绣绷和绷架形状尺寸示意图如图 42 所示。

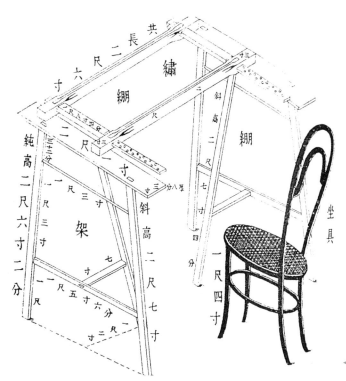

◀ 图 42　绣绷、绣架示意图

剪刀，根据沈寿口述，宜用小的，而且刀锋要紧密，刀刃要利。

绣针，当时有专门的苏针，针锋尖锐而针鼻钝，不会伤到手。沈寿提到，最好的是羊毛针，其次是苏针，但到清晚期都比较难找了，一般用国外进口的针，但它不及羊毛针细，针鼻也尖锐，容易伤手，没有苏针好用。

2. 绣线的准备及刺绣要领

剪线：备用的绣线为环状的绞线，拉成长条，在环的两头剪开，一分为二，每条约长一尺二寸（约42.6厘米）。

劈线：绣线必须每根条干均匀、干净，如果有疙瘩，需要去除掉，不能使绒线起毛；接线时，打的结必须小，要保持绣线长短一致。一绞线大约三十根，一根线由两股丝线捻合而成，称为两绒。劈线时要把两绒分开，再于线端一寸之处将它们分别捻紧，以便穿入针孔。一绒还可以再分为八丝，劈线的方法为用右手的大拇指和食指捏住线头，其余三个指头扣住线，再用左手的大拇指与中指将线头顺一个方向捻几次；接着用左手捏住线头，右手放松，并迅速向下勒，把线退松；然后用两手的大拇指与食指分别捏住线的两头，将线分开，根据刺绣需要劈成几丝。

上手和下手：一手在绷上，称为上手；一手在绷底，称为下手。

起针和落针：针自下而上，称为起针；针自上而下，称为落针。线快绣到大约离尽头一寸时，换用短针来回穿三四次，每次所穿孔距一分左右，线就不会脱落。然后剪下针上的剩线，接着穿后面的线。

剪针：一根线绣完之后，必须将针平放在食指上，以便剪去针孔里剩下来的线头，这样就不损伤针孔，而针可以用很久。

泡水：完成一段刺绣需要转轴之前，考虑绣线可能会被拉毛而显得不够精致，需要用水润泽绣线使其光滑而匀净。传统的方法是用口水，因为薄的糨糊太黏，会使绣线颜色产生变化，清水又不黏，容易使绣线褪色，只有口水最合适。汲取口水的方法是，将平时许多剪下来不能再用的线，揉成一粒豆子大小的团状，含在舌头底下，用口水把它完全湿润之后拿来轻轻涂抹丝线，涂的时候还要均匀，不能涂太多或力道太重，涂完以后要等它干了才能转轴。①

（三）针法解析

清代宫廷刺绣与民间刺绣使用的针法其实并无本质区别。若从整体上对两者进行比较，应该有四点值得注意：一是民间刺绣具有区域文化特征，即某一地区的刺绣技术风格比较统一，而宫廷刺绣则兼具各地区优秀的技术，呈现多元化特征，甚至在后期合流，形成融合性特征；二是民间刺绣属于民俗的一部分，在民间相当普及，所以水平参差不齐，而宫廷刺绣对技术水准要求比较高；三是民间刺绣的图案大多民俗化，在流行方面模仿宫廷，而宫廷刺绣图案除了具有民族传统、吉祥寓意的特征外，一些图案还具有等级性，民间禁用；四是宫廷刺绣所使用的材料一般都

---

① 部分内容参考：沈寿.雪宧绣谱图说.张謇，整理.王逸君，译注.济南：山东画报出版社，2004：48-54.

▲图43 品月色缎彩绣百蝶团寿字女夹褂襕（局部）
清代
蝴蝶翅膀以一皮皮的齐针所形成的弧形反戗针绣成

▼图44 石青色缎串珠绣八团云龙纹褂料
清代
海水江崖纹主要采用套针和戗针的方法绣制

是上等的，甚至会有一些比较稀有的材料，只限有一定身份的人使用，并以法典来约束。此外，宫廷绣品以苏绣为主，因题材有限，针法整体上不如民间丰富。由于融合性特征，很难系统分类（针法的系统分类可见本丛书《民间刺绣》分册），以下所述针法是根据一些通识性叫法进行整理归纳的。常用的针法有齐针、套针、戗针、滚针、施针、铺针、接针、刻鳞、平金、穿珠、拉锁子、打籽、网针等，为了追求特殊效果，局部会用高绣、螺钿、缀宝石等方法；还有一些以特定绣法来称谓绣品的，如缉线绣、戳纱绣、双面绣等。总之，宫廷刺绣集成了各地方著名的刺绣技术，并进行创造，突出工艺之美和皇权之贵。清代宫廷刺绣典型针法实例见图43—图70。

1. 齐 针

齐针，是一种最基本的刺绣方法，绣出的线条为直线，紧密排列不露底。根据丝理的方向有水平、竖起和斜向三种（也称为横缠、直缠和斜缠）。其要点是起落针都要在纹样的外缘，力求整齐，排列均匀，不能重叠，不能露底。齐针是很多针法变化的基础，宫廷刺绣中的齐针尤见功夫。

2. 戗 针

戗针，是短的直针绣法，按照花纹分层绣制，每一层称为一皮，各皮色彩可以由浅至深或由深至浅逐层过渡。从技术上讲，有正戗（由花纹的外边绣起）和反戗（由里向外绣）两种。反戗因为有扣线，所以显得更加清晰、整齐。

3. 套 针

套针的基础也是齐针。套针是将不同深浅的色线，前皮与后皮穿插套接，使色彩深浅自然调和过渡的刺绣针法。套针还可以细分为单套、双套，[1] 或平套、散套、集套。[2] 套针使图案更加细腻、立体。

4. 铺 针

在绣制动物的背、腹时，常用铺针打底。

▲ 图 45　明黄色绸绣葡萄纹夹氅衣（局部）
清代
葡萄采用套针，叶子用戗针，藤采用斜缠方法绣制

▼ 图 46　石青色缎缀绣八团喜相逢纹夹褂（局部）
清代
花瓣采用套针，叶子采用齐针，茎采用滚线方法绣制

① 沈寿. 雪宦绣谱图说. 张謇，整理. 王逸君，译注. 济南：山东画报出版社，2004：61-62.
② 陈娟娟. 中国织绣服饰论集. 北京：紫禁城出版社，2005：175-176.

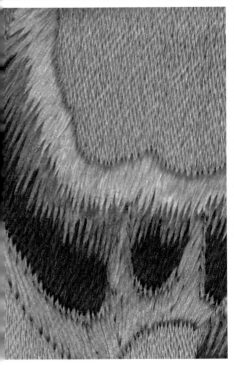

图 47

图 48   图 49

◀图 47　明黄色缎绣彩云黄龙纹夹龙袍（局部）
清代
鸟的背部、腹部采用铺针的方法，背部在铺针的基础上用刻
鳞针表现背部披毛

▼图 48　明黄色缎绣彩云黄龙纹夹龙袍（局部）
清代
云纹采用套针的方法，过渡自然

▼图 49　红色纳纱彩绣龙凤纹缉米珠高勒绵袜（局部）
清代
此处用戗针的方法直接绣制龙鳞

其方法通常是顺着毛发生长的方向，以长针绣制，如平铺一般将背部绣满。为了追求精致，有时也会用双套针。铺针是专门用来平铺地部的直针绣法，在铺针上可再用其他针法施绣，一般作为扎针和刻鳞的底层。

5. 施　针

施针即施毛针，是用稀针分层逐步加密，便于镶色。该法丝理转折自然，是绣飞禽、动物、人像的主要针法。绣时，第一层先用稀针打底，线条等长参差，线条间距两针，如色彩复杂需绣多层时可酌量排稀，排针距离要相等。以后每一层均用稀针按前一层方法分层施绣，逐步加色至绣成为止。

6. 滚　针

滚针，也称拗针，是前起后落的绣法，第一针绣完后第二针落在第一针二分之一处的线迹下，连成条纹，能使线条自由转折，多用于绣曲线。

7. 接　针

与滚针针法接近，接针的落针不在前一针的二分之一处，而是在前一针的针尾处。接针宜运针均匀，忌长短不齐。

8. 刺　针

刺针，针与针相连，第二针要回到第一针的原针眼，最主要的特征是针迹细如鱼子。

▲ 图50 宝蓝色缎绣云鹤纹裌便袍（局部）
清代
盘金银绣制云朵，鸟的脚采用扎针绣

▼ 图51 蓝色暗花缎拉锁绣荷花山水纹绵袜（局部）
清代
所有纹样均为锁绣

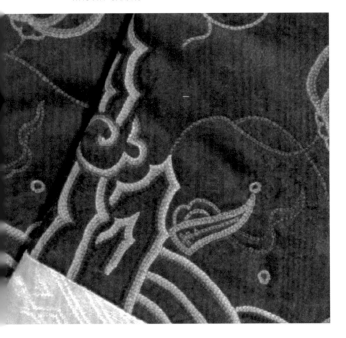

9. 羼　针

羼针即长短针，长短线条相掺，故亦名掺针或参针。绣线长短、用色的变化，可使色彩过渡更加和顺。一般用于表现鸟的羽毛。

10. 扎　针

扎针又称勒针，是专门用来绣鸟脚的针法。绣时先以齐针打底，再以横线将它扎住。

11. 打　籽

打籽，是用针引全线出织物表面后，把线在针尖靠近织物表面上绕线一周，在距离原针处两根纱的地方下针，钉住线圈，把线拉紧，即打成一个籽。这些籽排列在一起，就像一粒粒突出的小珠一样，十分具有立体表现力。

12. 拉锁子

拉锁子也称锁绣，是起源较早的一种刺绣针法，有多种形式和变化手法。最简单的锁绣是用两根绣线绣制，先将第一根绣线由背面刺出绸面，第二根绣线绣针紧靠第一根线脚刺出，用第一根线沿第二绣针逆时针方向盘绕一圈，拉起第二根线向后钉一针，将所绕的线圈固定。第二根绣线再向前刺出，仍用第一根线逆时针盘绕，用第二根线钉固。用这种方法绣制的线条也称拉锁子。

13. 平金（银）

平金，又称为钉金绣、盘金绣，一般以捻金银线为材料，盘围成花纹，再用丝线钉固。在袍上运用的捻金线有不同的颜色，轻微的差别可以使纹样更加生动。但总的来说，清前期捻金线含金量较高，中晚期工艺渐渐粗糙，金线的含金量逐渐下降。捻银线又称白圆金，与金线搭配使用，具有十分华丽、生动的艺术效果。平金也是使用较广泛的一种绣法，不仅可以独立使用，还可以作为纹样的勾边，用于大件和小件等各类绣品上。

▶ 图 52　蓝色江绸平金银缠枝菊金龙纹袷袍
（局部）
清代
蓝色江绸地上用平金和螺钿工艺绣制金银龙及
缠枝菊纹样

14. 刻　鳞

刻鳞，是专门绣鳞片的绣法。可总结为三种：第一种是用长短直针相套，外长里短，绣出外浅里深的鳞片；第二种是用齐针直接在底绸上绣出鳞片，鳞片间留出水路；第三种是在铺针上用缉线界出鳞片的形状。

◀图 53　宝蓝色缎绣云鹤纹袷便袍（局部）
清代
鹤的身体采用刻鳞，叶筋使用缠针绣

15. 缉　线

　　缉线，又称钉线，是京绣中的特色绣法。它需要用特殊的绣线来绣，常用的有双股强捻合的衣线；有以马鬃或细铜丝、多股丝作线芯，外用彩色绒丝紧密绕裹而成的铁梗线；还有以一根较细的丝线作线芯，使线表面呈串珠状颗粒的龙抱柱线。缉线就是将这些特殊的丝线按画稿的花纹回旋排满成形状或作为花纹的轮廓线，同时以同色丝线把它钉固，钉针距 3—5 毫米，上下两排的钉线要均匀错开，使龙袍纹样具有深厚的装饰趣味。缉线绣在宫廷中使用非常普遍，可配合其他针法局部使用，也可单独使用来绣制整件绣品。其绣品风格独特。

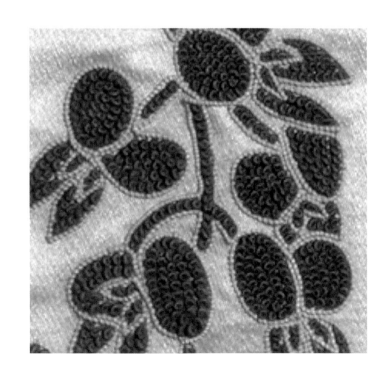

▶ 图 54　湖色缎绣藤萝花琵琶襟袷马褂（局部）
清代
黑色棉线运用打籽和缉线绣技法绣藤萝花纹

◀ 图 55　明黄色缉线绣云龙天马纹皮龙袍
（局部）
清代雍正时期
雍正龙袍上的缉线绣

◀ 图 56　石青色缎绣八团云龙纹绵褂（局部）
清代
用平金、戗针和缉线绣配合绣制龙鳞

▶图 57　石青纱绣八团龙纹单褂（局部）
清代
通身用单根缉线绣出图案，用金线勾边

▶图 58　石青纱缀绣八团夔凤纹女单褂（局部）
清代
在黑色实地纱上以五彩缉线绣八团夔凤纹和缠枝勾莲纹

16. 穿 珠

穿珠，多出于京绣和粤绣，多以华丽的面料如缎和天鹅绒等为绣底，将米粒大小的珍珠（也称米珠）、红色的珊瑚珠及各色料珠等，用丝线串连后在底上钉成花纹，再用龙抱柱线勾勒花纹轮廓。穿珠绣对使用的材料——珍珠或料珠要求较高，一是均匀，二是数量多，所以造价昂贵，致使清晚期仿制宫廷穿珠绣的绣品往往使用假珍珠，粗制滥造。

图 59

图 60

◀图 59　石青色缎缉米珠绣四团云龙纹夹衮服（局部）
清代
龙脸和龙鳞都采用穿珠绣，龙须使用龙抱柱线缉线绣

◀图 60　石青色缎平金彩绣缉米珠八团龙纹裌褂（局部）
清代
将绿、浅绿、黑、明黄、蓝色料珠与珊瑚珍珠米珠结合使用绣制龙纹

17. 戳纱绣

清代，很多绣品是以实地纱
或直径纱为绣底的，因为绞纱孔
较大，所以运针上势必考虑纱孔
之间的关系。戳纱绣，是以方孔
纱或一绞一的绞纱为底料，用各
色丝线或散绒丝按纱孔有规律地
运针，通过针穿过纱孔形成花纹。
戳纱绣的针法有长串、短串两种。
短串是每针绣线只压一个纱孔，
也称"打点"；绣线方向与经纬
线平行缠绕的称为"正一丝串"，
绣线与纱地经纬成45度角交叉点
的称为"斜一丝串"。长串是根
据纹样和色彩有规律地拉长针脚
绣线与经线平行，显出几何纹的
"水路"。这与在其他底料上刺
绣有所不同，这种运针也称为纳。
一般来说，局部刺绣，留有纱地
的称为纳纱；而不留纱地，将主
体纹样以外的位置也纳成几何纹
地，使龙袍的整体效果非常具有
织锦的特征，所以也称为纳锦。

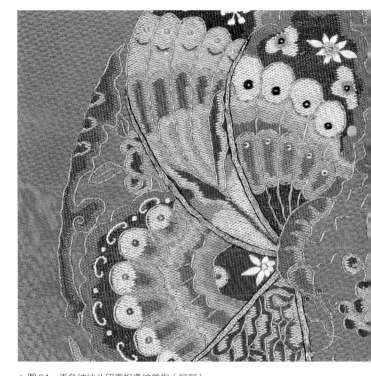

▲ 图61 香色纳纱八团喜相逢纹单袍（局部）
清代
在香色暗团龙纱地上以正一丝串、平金、齐针、打籽、钉线等针法绣制蝴蝶纹

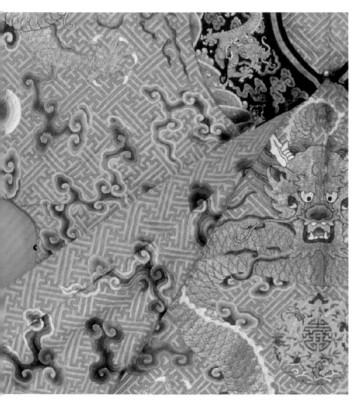

▲ 图 62　黄纱绣彩云金龙纹单龙袍（局部）
清代乾隆时期
卍字曲水地为明黄和金黄配色的纳纱绣，地纹上再以双面绣绣制纹样，图中展示的是乾隆时期龙袍的里、外两面

18. 双面绣

双面绣，是在一块底料上，一针同时绣出正反色彩一样的图案的一种绣法。它和单面绣不同：单面的绣法只求正面的工整匀密，反面的针脚线路如何则可以不管；而双面绣要求正反两面一样整齐匀密。绣时将线尾剪齐，从上刺下，再在离针二三丝处起针，将线抽剩少许线尾，下针时将线尾压住，连线几次短针，将线尾藏没，使正反两面都不露线头。运针的时候，要使针垂直，不刺破反面的绣线，按次序非常均匀地排列针脚，不能疏密不当，才可使两面相同，并且要将线尾隐藏在最后的针脚中，不能露出线头。正因如此，双面绣比单面绣对技艺上的要求更高，也更费工费时，其所达到的艺术效果也是极致的。图 62 所示为黄纱绣彩云金龙纹单龙袍。

19. 其　他

网绣，是用双股合捻的绣线，在底绸上按直线、斜线、平行线相互交叉拉成各种几何图形，如龟背形、三角形、菱形、方格形等，再在这种几何图形内加绣其他几何图形，将多种几何图形聚成一种纹样。网绣配色要用对比色，以使花纹清楚；绣制时，几何纹对合要准确。这种绣法在小件绣品上使用较多。

高绣，又称"迭绣""凸绣""凸高针"，旧称"填高绣"。绣制前先在花纹处垫上棉花等物，之后在所垫物上以丝线绣制花纹。如此绣出的花纹高高突起，具有很强的立体效果，故多用于绣制龙的鳞片、鼻、眼等立体感较强的部位以及鸟的羽毛等。

螺钿、缀宝石，是一些龙袍上所采用的局部装饰方法，并不像缉米珠那样大量使用，一般是刺绣龙袍的"点睛"之笔，如在龙的眼白部分钉缀贝壳，眼仁部分钉缀宝石。

▲ 图 63　石青色缎缀绣八团喜相逢纹夹褂（局部）
清代
在蝴蝶的表现上使用了较为丰富的绣法，其中网绣最为突出

从诸多绣品中可以发现，宫廷所用的刺绣材料都是非常讲究的，其中龙抱柱线、孔雀羽线的制备工艺较为复杂。

其他绣法，衣线绣的实例如"鹅黄色绫衣线绣梅莲纹裌裙"，堆绫绣的实例如"红色缎堆绫飘带""月白色缎钉绫海棠纹紧身料"等，本文不一一罗列。

宫廷刺绣为了追求艺术效果，通常还会使用缂绣结合、绣绘结合的装饰方法，如雍正皇帝"世宗黄色缎绣云龙纹狐皮龙袍"就采用了刺绣和手绘相结合的方法。

总之，清代宫廷刺绣基本上汇集了各地区优秀的刺绣技术，不拘一格，推陈出新，缔造了清代皇家纺织品辉煌的手工艺技术，达到了古代刺绣技术的最高水平。

▲ 图 64　孔雀羽穿珠彩绣云龙纹吉服袍（局部）
清代
捻金银线绣局部

▲ 图 65　孔雀羽穿珠彩绣云龙纹吉服袍（局部）
清代
滚针绣局部

▲ 图 66　孔雀羽穿珠彩绣云龙纹吉服袍（局部）
清代
孔雀羽线局部

▲ 图 67　孔雀羽穿珠彩绣云龙纹吉服袍（局部）
清代
龙抱柱线局部

▲ 图 68　孔雀羽穿珠彩绣云龙纹吉服袍（局部）
清代
网绣局部

▲ 图 69　孔雀羽穿珠彩绣云龙纹吉服袍（局部）
清代
打籽绣局部

◀ 图 70　孔雀羽穿珠彩
绣云龙纹吉服袍（局部）
清代
以蓝缎为绣底，以孔雀羽铺
翠，以珍珠、珊瑚穿珠绣制
身体及火纹，再以缉线绣做
轮廓

三 清代宫廷刺绣的艺术特征

中国历代丝绸艺术

（一）程式化与皇权至上的礼仪服饰图案

与礼仪相关的图案一般都有程式和内容的规定，并形成规范的等级制度。这里表述的礼仪服饰专指重要礼仪场合的标志性服饰，具有严格意义上的礼仪特征，不能与生活服饰相混淆。礼仪服饰的纹样布局是乾隆时期固定下来的，所举实例基本为标准样式，其等级差别可参见《皇朝礼器图式》。

1. 朝　袍

朝袍属于礼服，分男朝袍和女朝袍，款式不同，纹样布局也不相同。如图71所示为男朝袍夏季款式，是清代服饰中比较独特的布局方式，特定场合使用。另有冬季款式，上衣的纹样布局与龙袍相似。披领是与朝袍配套使用的，不单独使用，男女披领基本相同。而女朝袍，如图72所示，在纹样布局上基本采用了标准龙袍的布局方法。

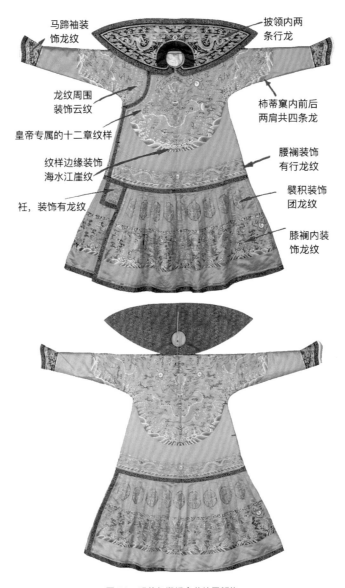

马蹄袖装
饰龙纹

披领内两
条行龙

龙纹周围
装饰云纹

柿蒂窠内前后
两肩共四条龙

皇帝专属的十二章纹样

纹样边缘装饰
海水江崖纹

腰襕装饰
有行龙纹

襞积装饰
团龙纹

衽，装饰有龙纹

膝襕内装
饰龙纹

图 71　明黄色缎绣金龙纹男朝袍
清代
a 前部纹样布局
b 后部纹样布局

a
b

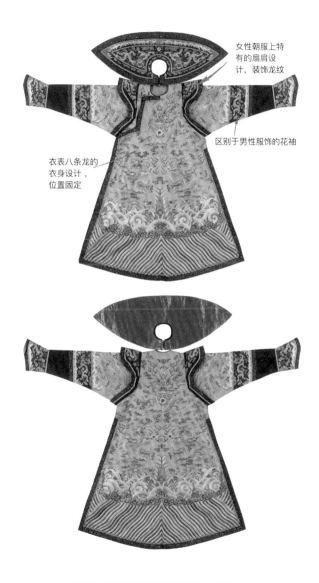

女性朝服上特有的扇肩设计，装饰龙纹

区别于男性服饰的花袖

衣表八条龙的衣身设计，位置固定

图 72　明黄色纱绣彩云金龙纹女夹朝袍
清代

a 前部纹样布局
b 后部纹样布局

$\frac{a}{b}$

2. 龙袍、蟒袍

龙袍、蟒袍是吉服的一种。标准男龙袍的图案布局如图 73 所示，衣表八条龙，皇帝龙袍的第九条龙绣在衣服的里襟。女龙袍的标准款式纹样布局与男龙袍相似，这种布局也是官员、太监等蟒袍的标准样式，使用蟒纹的数量根据等级有所差别。女龙袍的外观如图 74 所示，与朝袍的装饰相似，女性的礼仪性袍服都会在袖中装饰一段花袖，花袖与领圈及衣身纹样要搭配。女龙袍还有其他款式，如团纹无水、团纹有水等，但这些款式使用不多，有身份的限制。

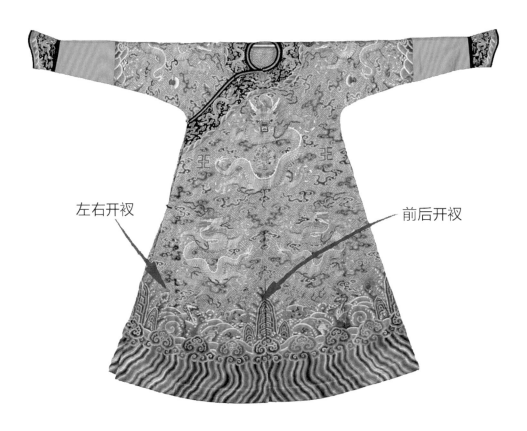

左右开衩

前后开衩

图 73　标准男龙袍
清代
a 黄纱绣彩云金龙纹单龙袍
b 黄纱绣彩云金龙纹单袍

花袖

两侧开衩

图74　各式女龙袍
清代

a 香色缎绣云金龙纹袷袍前式
b 香色纱绣八团夔龙纹单袍前式
c 香色纱绣八团夔龙纹单袍后式
d 香色缀绣八团夔龙牡丹纹单袍前式

3. 衮服、吉服褂、朝褂、补服

帝王衮服与吉服褂通用，如图75所示，其他人在同一场合配合穿的是补服。只有贝子以上的人可以使用团纹，四团等级最高，贝子以下的皇亲国戚及官员只能使用一对方补，前后各一。女吉服褂最高等级为八团样式，依等级递减为四团、两团、方补等。八团的样式在清早期的男性礼仪服饰上也有使用，后来改为女性专属，图76所示为有水的八团女吉服褂，另外还有无水的样式。朝褂是女性专属，样式有三种，最常见的为如图77所示的大立龙样式。

图75　石青色缎缉米珠绣四团云龙纹夹衮服
清代
a 前部纹样布局
b 后部纹样布局

a ｜ b

$\dfrac{a}{b}$

图 76　石青纱绣八团龙纹单褂
（女吉服褂）
清代
a 前部纹样布局
b 后部纹样布局

图 77　石青缎平金彩绣金龙纹裌朝褂

清代

a 前部纹样布局

b 后部纹样布局

a | b

4. 吉服袍

除龙袍以外，后妃还有其他款式的吉服袍，是应节日喜庆气氛而设计的，其特点是以其他主题纹样取代龙纹，布局上与龙袍一致，但图案、题材更加丰富自由，一般以吉祥寓意为主。如图 78 所示，这件以博古花卉纹取代龙纹的吉服袍就是当年乾隆皇帝的舒妃的遗物。故宫博物院收藏有很多绣制的女袍，是否为吉服袍是有争议的，作者推测，有马蹄袖者为礼仪服饰，无马蹄袖者为日常生活服饰或称便服。如图 79 所示，大红色勾莲蝠纹暗花纱女夹袍没有纹样，但花袖、马蹄袖和侧开衩都是吉服袍的特征，如果缀绣八团纹样，就与标准的吉服袍没有区别；杏黄色纱绣八团喜相逢纹女夹袍没有马蹄袖，如果加上"套袖"① 的话，可以作为吉服使用。

---

① 清晚期有一种带马蹄袖的套袖，还有一种下裳形状的"朝裙"，功能相同，都是加在一般服饰上用于礼仪场合的。

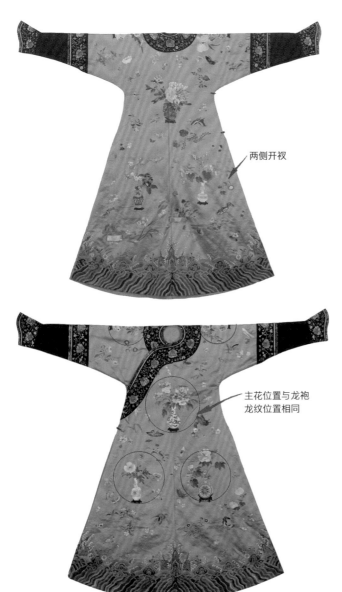

两侧开衩

主花位置与龙袍
龙纹位置相同

$\dfrac{a}{b}$

图 78　浅绿色缎绣博古花卉纹女
袷袍
清代乾隆时期
a 前部纹样布局
b 后部纹样布局

$$\frac{a}{b}$$

图 79　其他女吉服袍
清代
a 大红色勾莲蝠纹暗花纱女夹袍
b 杏黄色纱绣八团喜相逢纹女夹袍

（二）时尚、吉祥的便服图案

封建社会发展到清代，手工技艺的发展和纹样的积累使服饰的装饰更加精致、丰富。明代形成的世俗化的吉祥纹样在清代发展到了登峰造极的地步。便服是日常生活服饰，不受重大仪式的约束，体现了当时人们的审美观和时尚观。宫廷便服的纹样虽是自由设计，但也还是有一定之规，既不能突破等级（色彩、纹样的禁忌），又要突出高雅的皇家意趣，在设计上可谓极尽巧思。衣身纹样的主题设计以四季花卉、蝴蝶、祥瑞动物、博古纹、文字、人物故事以及组合纹样为常见。清代中晚期注重便服的衣边装饰，通常装饰有宽窄不同的几道镶边，尤其到了晚清，镶边几乎成为一个时代的风景。衣边通常与衣身呼应，或用同类型图案，或用呼应性图案。整体来说，宫廷不似民间那般世俗，虽然装饰繁复，但也讲究品位，可以说奢华与典雅、古朴与浓艳各领风骚。

1. 树木花果

宫中刺绣便服以女装居多，花卉是最常用的图案，通常也称为四季花。据不完全统计，目前故宫所藏刺绣便服最常使用的写实花卉有荷花、梅花、海棠、菊花、兰花、梨花、桃花、藤萝、水仙、牡丹、玉兰、桂花、栀子花、牵牛花（勤娘子）、绣球花等。这些花卉有时单独使用，有时组合在一起，称四季花、一年景，寓意美好的生活。18 世纪以后，装饰风盛行，也出现了一些装饰性花卉图案，如洛可可式的大洋花、来自日本的皮球花等。一些装饰花卉图案的实例见图 80—图 88。

▶ 图80　明黄色缎绣兰桂齐
芳纹袷氅衣（局部）
清代光绪时期
绣有兰花、桂花的衣身和衣边

▶ 图81　茶青色缎绣牡丹纹
女夹坎肩（局部）
清代光绪时期
牡丹花为衣身和衣边的主饰纹样

◀图82　月白色绸绣金彩大洋
花纹袍料
清代道光时期
匹料上绣有洛可可式大洋花图案

◀图83　月白色缎绣彩藤萝
纹棉衬衣（局部）
清代光绪时期
由紫藤花纹装饰的衣身和衣边

▶ 图 84　明黄色绸绣三蓝
折枝桃花纹单衬衣(局部)
清代光绪时期
衣身为折枝桃花，配以蝴蝶
和牡丹花纹的衣边

▶ 图 85　湖色缎绣菊花纹
夹氅衣 (局部)
清代光绪时期
衣身和宽衣边都装饰菊花，
窄衣边还装饰有蝴蝶和莲蓬

▲ 图 86　明黄色绸绣绣球花纹棉马褂（局部）
清代
绣球花装饰衣身

▶ 图87 雪青色绸绣枝梅
纹衬衣（局部）
清代光绪时期
梅花装饰的衣身和衣边

▶ 图88 湖色缎绣栀子纹
镶貂皮边对襟夹坎肩（局部）
清代光绪时期
衣身绣栀子，配以绣有龙纹、
几何纹等不同纹样的衣边

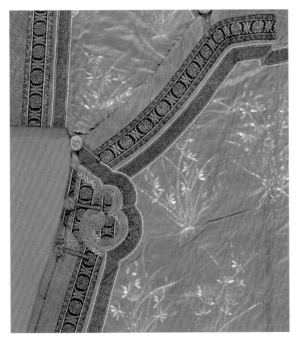

◀ 图 89　月白色缎平金银绣墩兰纹
棉氅衣（局部）
清代
衣身为墩兰主题纹样

◀ 图 90　明黄实地纱绣绿竹枝纹女
单氅衣（局部）
清代同治时期
衣身和衣边都单纯装饰有竹枝纹

松、竹、兰等在古代中国一直是高洁的象征。清代便服上也装饰有这类纹样，只不过经常是以组合的纹样出现，单独使用时竹纹较常见。一些装饰兰纹和竹纹的图案见图 89、图 90。

在吉祥纹样中，象征长寿、子孙昌盛的图案也比比皆是，除了菊花（长寿）、藤萝（多子）等花卉外，最常见的是灵芝、石榴、桃子、葡萄、瓜瓞、葫芦、佛手、莲蓬等，通常以组合纹样的形式出现。象征子孙万代的便服图案见图 91、图 92。

▲ 图 91　藕荷色实地纱绣瓜瓞绵绵纹袍料
清代咸丰时期
衣身绣瓜瓞纹为主的纹样

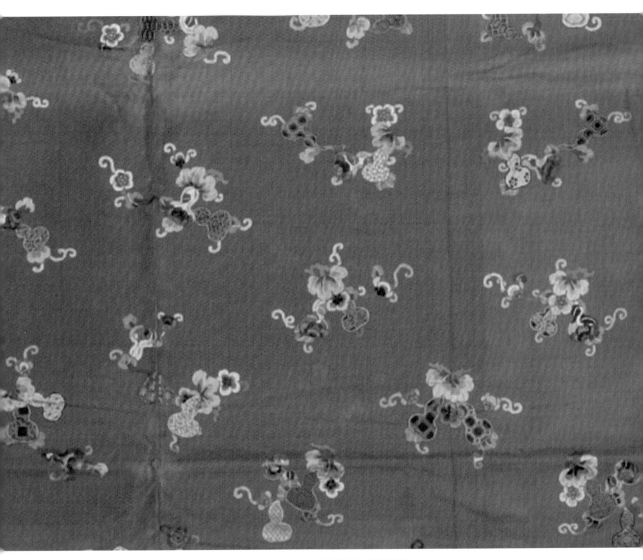

▲图92　月白色芝麻纱绣子孙万代纹袍料
清代同治时期
衣身绣葫芦纹为主的纹样

2. 蝠蝶瑞兽

长久以来，人们对自然界的深厚情感转化为对一些植物、动物、景象的喜爱，进而将这些事物转化为情感的寄托，如前面提到的一些植物纹样、动物纹样均是如此。一些动物纹样，包括想象中的、实际存在的动物被赋以吉祥寓意后，都成为生活装饰的主题。常见动物有蝴蝶、蝙蝠、龙、凤、狮、鹤、孔雀、金鱼等。这些动物有的与天空有关，有的与水有关，因此通常要配合一些云纹、水纹、藻纹等，动物还会配上树木、花卉、草石等。蝶纹在清代女性便服上使用最多，因为蝴蝶象征爱情，蝶恋花是中国传统的爱情题材。便服上常见的动物纹样见图93—图98。

▲ 图93　石青色缎绣平金云鹤纹袷大坎肩（局部）
清代乾隆时期
衣身装饰十分清朗的云鹤纹

◀ 图 94　湖色绸绣浅彩鱼藻纹
氅衣料
清代光绪时期
鱼藻纹衣身装饰

◀ 图 95　宝蓝缎绣平金云鹤纹夹
马褂（局部）
清代光绪时期
衣身装饰云鹤纹

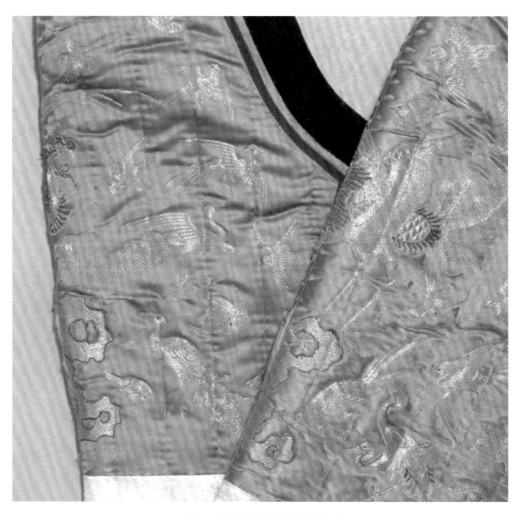

▲ 图 96　驼色缎平金百鸟纹绵袜（局部）
清代康熙时期
袜上部绣有各种鸟纹

▲ 图 97　明黄色绸绣三蓝百蝶纹夹衬衣（局部）
清代光绪时期
衣身为百蝶纹，衣边为龙纹和鹤纹

▼ 图 98　粉红色缎绣卍字团龙纹上羊皮下灰鼠皮氅衣（局部）
清代光绪时期
衣身和衣边均绣团寿纹，都以卍字曲水纹为地

3. 典故赏玩

在封建社会，地位高的人通常以好古存旧为雅趣，不仅赏玩实物，也发展出一系列以古物为蓝本的装饰图案，即博古纹。博古纹不仅装饰在便服上，也通常作为辅助纹样装饰在礼仪服饰上。清代宫廷信奉佛教、道教，还有萨满教，一些和宗教有关的纹样也十分盛行，如佛教的八吉祥（轮、螺、伞、盖、花、罐、鱼、长）、道教的暗八仙（八仙的法器）等，通常组合使用。另外，还有象征富贵的杂宝纹，也是比较程式化的八种组合。一些宗教纹样、博古纹的使用见图99、图100。

▲ 图 100　纳纱深蓝博古纹女帔（局部）
清代
衣身为深蓝色直径纱纳绣方棋格纹，在其上又纳绣十二团博古纹及其他花纹，博古纹有炉、瓶、盒、高足盘等，整体色彩丰富，凸显华丽

▶ 图 99　月白色绸绣芙蓉花纹女对襟夹小坎肩（局部）
清代同治时期
衣边装饰有八吉祥纹

4. 吉祥文字

汉字是中国几千年来不断传承、演化的文化产物，经过书法大家的不断研摩，形成了不同流派、不同风格的书写体。代表吉祥的汉字既有本意的所指，也有书法形式上的图案意义。最常见的吉祥文字有福、寿、喜、卍或一些语意明确的词语。一些便服上的吉祥文字图案见图101—图103。

▲ 图 101　绛色缎绣浅彩缉米珠汉瓦纹袍料
清代同治时期
瓦当纹内绣"延年益寿"四个字

▶ 图 102 品月缎平金银
绣菱形藕节卍字金团寿纹
夹氅衣（局部）
清代光绪时期
藕节组成的菱形框架非常有
特色，以卍字纹连接，中间
饰团寿纹

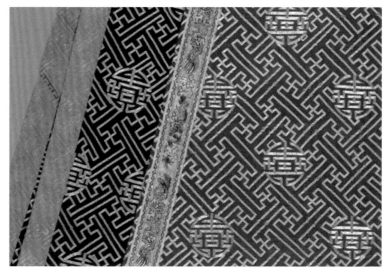

▶ 图 103 红色缎平银绣卍
字地团寿纹夹氅衣（局部）
清代光绪时期
银线绣卍字不断头地，金线
绣团寿纹

5. 组合纹样

相比以上提到的四种单纯的某类题材的纹样,将一些纹样按照谐音、表义等方式组合起来的纹样,构图上更丰富、更有创意,意义上更强烈、更深沉,所以这种形式更为常见。在清代,一些组合纹样因为设计优秀而成为吉祥纹样的固定组成,广为流传,从宫廷到民间,从古代到现代。便服上的一些组合纹样见图104—图113。

◀ 图 104　月白直径地纳纱花卉纹单氅衣(局部)
清代
衣身绣制了牡丹、菊花、石竹、茶花、梅花、佛手、月季、飞蝶等纹样,布局疏朗

▲ 图 105　绛色缎绣牡丹蝶纹夹氅衣（局部）
清代光绪时期
蝶恋花的纹样组合寓意爱情美满

▶ 图 106　月白色绸绣蝠寿花卉纹袍料
清代道光时期
菊花、灵芝、桃子寓意长寿，蝙蝠寓意福。
配以四季花卉，寓意延年福寿

◀ 图 107　藕荷色绸绣灵仙
祝寿纹袍料
清代咸丰时期
灵芝、水仙、寿字，组合起来
寓意灵仙祝寿

◀ 图 108　品月缎彩绣百蝶
团寿字纹女夹褂襕（局部）
清代光绪时期
衣身为百蝶纹，间饰团寿纹，
宽衣边也配合装饰了同类型的
纹样，窄衣边绣了花卉和卍
字纹

▲ 图 109　月白色绸绣本色卍字彩万福金寿字纹袍料
清代光绪时期
衣身为卍字地，蝙蝠衔绶带系束的花卉、藤萝、灵芝、桃子等，
三个为一组，每组间装饰团寿纹，寓意福寿万代、吉祥如意

◀ 图 110　明黄色缎绣葡萄蝴蝶纹衬衣
（局部）
清代光绪时期
蝴蝶象征爱情，葡萄象征子孙繁盛

◀ 图 111　藕荷色缎绣牡丹团寿纹袷氅衣
（局部）
清代光绪时期
牡丹象征富贵，组合寓意为富贵长寿

▲图112　酱色江绸钉绫梨花蝶纹镶领边女夹坎肩（局部）

清代同治时期

钉绫绣蝶恋花，绣法和纹样布局都非常独特

▼图113　石青色缎绣花蝶纹袍料

清代道光时期

袍料将花蝶组合，并进行巧妙的整体布局

便服上的纹样大多是散点式布满衣身，但也有独立一幅纹样装饰整个衣身的实例，如图114所示，但这样的实例不多。

▲ 图114　品月色缎绣加金枝梅水仙纹衬衣拆片
清代光绪时期

（三）精美、巧思的活计图案

活计虽然品类繁多，但大多体量小，图案多为一个单独的纹样组合或简单图案的连续排列。考虑到活计的形状，图案布局大多以形状边缘为框架进行设计，也有一些活计整体设计成仿生的。总之，刺绣活计以趣味性、层次性、精巧性为主旨。

1. 独立纹样

刺绣活计的纹样题材也是以吉祥寓意为主，便服使用的纹样在活计上基本都可以见到，但设计更加自由，更追求巧思，所以，精致、玩味成了活计刺绣图案的特殊属性，见图115—图124。

三羊开泰　　　　　　　松鹤延年、鹤鹿同春　　　　　　喜上梅梢

▲图 115　彩色缎绣三羊鹤鹿梅雀纹名片夹
清代

◀ 图 116　蓝色缎打籽绣金边孔雀纹葫
芦式荷包
清代康熙时期
整体为葫芦造型，下部巧妙地设计了孔雀
开屏纹样

◀ 图 117　明黄色缎地平金银彩绣五毒活计
清代同治时期
五毒为蜈蚣、毒蛇、蝎子、壁虎和蟾蜍，为端
午节的吉祥纹样

▲ 图 118　彩色钉绫绣鞍马形香囊
清代光绪时期
钉绫绣出马和马具，再简单施针绣制马鞍纹样

图 119　光绪皇帝用黄色缎绣太狮少狮百鸟朝凤活计
清代光绪时期
a 太狮少狮寓意子嗣昌盛
b 百鸟朝凤寓意天下依附，生活和美

a | b

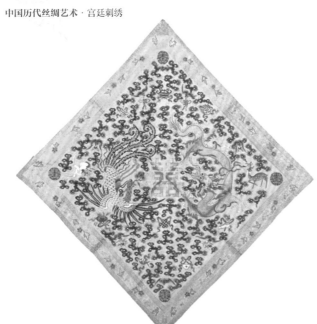

◀图 120　黄绸绣彩龙凤纹怀挡
清代光绪时期
龙凤纹样，皇室专属

▼图 121　红色缎辫绣蟾宫折桂纹镜子
清代同治时期
蟾宫折桂比喻应考得中

◄图 122　红色缎串珠绣葫芦活计
清代同治时期
纹样是葫芦纹，寓意子孙万代

▲ 图 123　湖色缎绣人物纹串料珠元宝底女夹鞋
清代光绪时期
图案取自戏曲故事

▶ 图 124　大红色缎绣花卉纹彩帨（局部）
清代
暗八仙纹样，适应外形纹样排列非常巧妙

2. 对称、连续纹样

一些荷包也大量使用了对称或连续的图案，整体上看非常精美、大方，见图125—图132。

▶ 图 125　石青色缎平金锁绣福禄寿纹葫芦式荷包
清代乾隆时期
蝠、鹿、寿、喜寓意"福禄寿喜"

▶ 图 126　石青色缎绣云蝠寿纹椭圆荷包
清代乾隆时期
以变体云纹做边饰，蝠、寿纹间隔排列，配色清雅

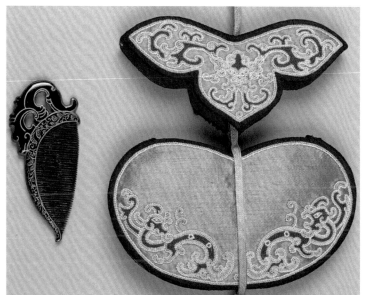

◄ 图 127　香色缎钉绫三蓝夔龙
纹腰圆荷包
清代乾隆时期
荷包的形状、夔龙纹的设计以及色彩
搭配将宫廷的典雅、工整发挥到极致

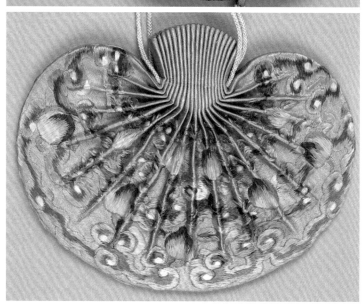

◄ 图 128　黄色缎绣九桃纹椭圆
荷包
清代乾隆时期
九个桃子被巧妙地做成了对称设计

▶ 图 129　红青色缎口铺绒斜方格卍字朵花纹椭圆
荷包
清代乾隆时期
铺绒斜格使纹样更加立体，对比色彩的搭配使整体的装
饰效果更强烈，颇具现代感

▲ 图 130　品月色缎钉线绣四合团寿纹荷包
清代光绪时期
宋式锦风格的刺绣，色彩上颇具建筑彩画的装饰效果

◀ 图 131　黄色缎口满纳菊花双喜小羊纹腰
圆荷包
清代乾隆时期
双喜小羊纹采用了突出喜庆、吉祥的对称设计

▲ 图 132　石青色缎缉线绣凤纹头尖底鞋
清代康熙时期
凤头的绣制十分生动，缉线绣牡丹花也别具一格

141

（四）端方、雅趣的装饰、欣赏物图案

这类刺绣品以装饰、欣赏物为主，包括三类：其一为家具、建筑装饰物以及寝具，这类刺绣具有实用性，图案要求适应家具尺寸，并与室内整体风格一致，一般以吉祥、喜庆为主，刺绣的针法灵活多样。其二是一些书画类刺绣品，以欣赏性为主，艺术性要求极高，使用的技法以苏绣、顾绣和一些具有强烈风格的地方性刺绣为主。欣赏性刺绣的数量远不及实用性刺绣，并且历代传承珍藏，代表的是宫廷的艺术和技术水准。其三是戏服，戏服本身是具有实用性的服装，但是因表演的属性和固定的身份符号使其装饰性极强，具有一定的程式特征，在技术和艺术表现上不逊色于宫廷其他服饰，是特殊的一类。实例见图133—图138。

▲ 图133 酱色呢彩绣凤穿花纹炕毯
清代
凤穿牡丹纹样寓意富贵

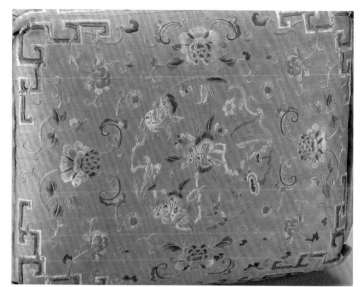

▶ 图 134　黄色缎绣灵仙祝寿纹迎手
清代乾隆时期
绣品以灵芝、桃子为主纹，四季花为
辅纹

▶ 图 135　堆绫项羽魏豹戏像册
清代光绪时期
对戏曲人物的绣制可谓出神入化

▲ 图 136　白缎地广绣三阳开泰挂屏心
清代光绪时期

▶ 图 137　顾绣花鸟草虫
图册
清代乾隆时期

▶ 图 138　黄色纳纱方棋
朵花蝴蝶纹女帔（局部）
清代康熙时期
繁复、精美的装饰是戏服的
重要特征

（五）宫廷刺绣的时代风格

绣品的特征主要体现在技术、主题和图案风格三方面。排除一些欣赏性绣品，讨论宫廷刺绣的时代风格，主要是看配色和纹样。纹样主要是指贯穿整个清代的一些主要纹样，目前已经形成初步共识的宫廷刺绣纹样是云纹、龙纹以及一般用于礼仪服饰上的海水江崖纹。

1. 色 彩

（1）五 彩

清初的五彩具有强烈的明末配色风格，如图 139 [1] 所示为故宫博物院所藏顺治时期的袍料，黄底，绣线的颜色主要有红、蓝、绿、白、黑五色。

康熙朝《大清会典》对皇帝冠服规定"礼服用黄色秋香色蓝色" [2]，其他人使用的色彩有黄色、秋香色、香色、米色等黄色系的禁忌，没有明确礼仪服饰使用五色或五彩。康熙时期纹样设色以冷色调蓝、绿为主，多以香色、紫色、红色系颜色为辅，通常为三晕色，白色主要体现在晕色中，黑色使用不明显。云纹的色彩比较丰富，学者一般将其描述为"五色丝线织祥云"。

雍正朝《大清会典》对皇帝礼仪服饰有了明确的色彩规定：

---

[1] 宗凤英. 故宫博物院藏文物珍品大系·明清织绣. 香港：商务印书馆，2005：181.

[2] （康熙朝）大清会典（卷四十八）. 辽宁省图书馆古籍善本库.

▲ 图 139　金地绣五彩云龙纹袍料
清代顺治时期

"礼服用石青、明黄、大红、月白四色缎，花样，三色圆金龙九，龙口珠各一颗。腰襕小团金龙九。周身五彩云，下八宝平水、万代江山。"① 制度中明确增加了"周身五彩云"的规定。图 140 所示为雍正皇后的朝袍配色，其水纹上面的宝珠为五色搭配，可以确定为红、蓝、黄、紫、绿；袍上的五彩云，也是红、蓝、黄、紫、绿及其晕色。② 由此可见，雍正时期所规定的五彩祥云中的五彩主要为红、蓝、黄、紫、绿，在使用中通常有深浅不同的 3—5 色的晕色处理。

乾隆朝《钦定大清会典》记载皇帝礼服"南郊用青，北郊用黄，东郊用赤，西郊用玉色。朝会均用黄，有披肩腰襞积前后正幅如帷，备十二章，施五采"，"服用龙袍色尚黄，裾四启，备十二章施五采"，不仅皇帝礼、吉服明确规定了施五彩，妃嫔礼、吉服也均"施五采"。③ 其他人等的服饰均未提及使用"五采"。嘉庆以后，从上至下，皇室、贵族、官员服饰上均可饰"五色云"。④ 图 141 为一件乾隆龙袍局部，它显示了乾隆时期礼、吉服设色的一般特征，所用色

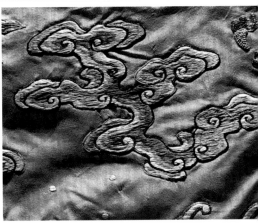

a
b

图 140　女朝袍配色
清代雍正时期

---

① （雍正朝）大清会典（卷六十四）. 辽宁省图书馆古籍善本库.
② 图片为笔者 2019 年 5 月于上海奉贤博物馆"雍正－故宫文物大展"展厅拍摄.
③ （乾隆朝）钦定大清会典（卷三十·礼部·冠服）；钦定四库全书荟要·吏部. 长春: 吉林出版集团, 2005.
④ （嘉庆朝）钦定大清会典（卷二十二）. 台北: 文海出版社, 1994: 1634, 1436；（光绪朝）大清会典（卷二十九）. 北京: 中华书局, 1991: 240.

▲ 图 141　乾隆皇帝龙袍（局部）
清代乾隆时期

彩主要为蓝、黄、绿、红，搭配色为紫色、白色等。再对照《皇朝礼器图式》彩绘本①（如图 142 所示为皇帝朝袍披领局部），可以发现，乾隆时期，清代礼仪服饰上的五色是以蓝、红、黄、绿、紫为主的，其他均为搭配色。纹样中很少使用黑色。

▲图 142　《皇朝礼器图式》皇帝朝袍披领（局部）

---

①　皇朝礼器图式（彩绘本）. 英国维多利亚与艾尔伯特博物馆. 赵丰 2007 年拍摄。

乾隆以后，服饰制度没有大的改变，只有少许补充。从清宫帝后礼仪服饰遗物中可以看到，清中后期的五色仍然以红、黄、蓝、绿、紫为主。清代中期以前紫色的染色主要是蓝色套红色，而由于年代久远，红色很容易褪去，所以紫色十分暗淡。如图 143 所示为嘉庆皇帝的龙袍局部[1]，三只蝙蝠为紫色、蓝色和红色，上面的云纹主体为绿色。这件袍服底部水纹中紫色很难认，但观察实物并使用测色仪测量可以确定为紫色。[2] 图 144为清晚期一件女吉服襽底部水纹，五色清晰可辨：红、黄、蓝、绿、紫。

▲▲ 图 143　嘉庆皇帝龙袍（局部）
清代嘉庆时期

① 作者 2018 年 11 月拍摄于首都博物馆"来自盛京"展。
② 笔者曾参与北京艺术博物馆与中国丝绸博物馆合作项目中文物的色彩测定。

▲ 图 144　女吉服褂底部的彩色水纹
清代晚期

乾隆时期的实物和《皇朝礼器图式》较为一致，五彩基本以蓝、红、黄、绿、紫为主色，黑、白作为搭配色（黑色非常少见）。五彩装饰通常需要丰富的色彩过渡，乾隆时期主要用三色过渡。其中有一条织染局的要案档案记载了三色红为大红、桃红、水红；三色紫为铁紫、青莲、藕荷；三色绿为瓜皮绿、官绿、沙绿；三色黄为明黄、金黄、柿黄；三色蓝为宝蓝、月白、玉色。①清嘉庆以后，服饰的色彩更加丰富，二次色和三次色的使用明显增加。化学染料引进以后，服饰的色彩更加丰富、鲜艳，与清早期、清中期形成了鲜明的对比。

（2）三蓝绣的流行

清初，服装制度还没有完善，礼、吉服有使用满身图案的情况，但很快就被青色素地所代替。乾隆时期规定，礼、吉服的褂都用青色，常服和行服都用素色。通过这些制度可以辨别出，满地刺绣的礼、吉服应该属于清初。清代中晚期流行一种以不同深浅蓝色搭配的绣品，称为"三蓝绣"，在便服、装饰中使用广泛。为了搭配衣身，也出现了流行的三蓝衣边（绦），故宫博物院收藏了大量的晚清花边，其中三蓝占了很大的比例。三蓝绣在礼、吉服上也有使用，甚至还衍生出三红绣等同色系的刺绣。如图 145 所示为便服中使用的三蓝绣，图 146 为吉服上使用的三蓝绣。三蓝绣在民间也十分流行，以汉族女性服饰最为常见，足见清代对蓝色的偏爱。

---

① 清代织染局染作档案·乾隆十九年销算染作.本书作者 2006 年抄录于中国第一历史档案馆.

◀ 图 145　石青色绸绣三蓝花卉
纹袍料
清代道光时期

◀ 图 146　蓝色纳纱三蓝云蝠八
宝金龙纹女单龙袍
清代道光时期

2. 纹　样

（1）龙　纹

龙是上古的图腾，后来成为一种吉祥纹样。龙纹在历代都有使用，元明以后，成为皇权的象征。顺治初期，龙纹继承了明末的传统风格，龙身粗壮。随着政权的稳固，在装饰上逐渐偏离明代的审美风格，到了顺治晚期，龙的头身比例、眉眼发生了变化，身体变得纤细。顺治时期的龙脸呈如意形，腮较宽大，下颌较丰满，酷似元宝；龙眉呈荆棘状；龙耳较大，似驴耳；龙鳞有鱼鳞形和菱格形两种；龙的背鳍由三角锯齿状的棘中间夹着三个半圆形突起或水波纹状的鳍组成；节柱状的腹甲多为彩织或彩绣。

康熙时期，龙的形象时代特征比较明确，腮部变扁并向外扩张，如意形额头较宽，更加"元宝脸"；龙的眉毛尖端变钝，由顺治时期尖刺的棘状变成竹叶状或凤尾状；龙的眼睛较圆，眼黑较小，眼神凌厉，有人将其形容为"斗鸡眼"；龙的鳞片较大较疏；龙的背鳍有一种与顺治时期相似，有一种是锁链状突起；腹甲也有不同样式，一种与顺治时期相似，为节柱状，另一种则呈节片状，像一条附在腹部的双股合捻的粗绳一样。

雍正时期，龙纹最明显的特征是龙的腮部收缩，腮和下颌的棘呈锯齿形均匀分布；眉毛为倒八字，每条呈三条连在一起的叶形垂下；眼黑较小，基本居中；龙的触须呈波浪形，有时平展，有时稍向下垂；鼻头酷似猪鼻，鼻孔较大；背棘以锁链状居多；彩色的腹甲很少见，一般用金线。

乾隆时期，龙脸大多呈倒梯形，腮不突出，腮棘呈三角形锯齿状连续均匀分布；如意形鼻头；倒挂眉（多数呈山字状）；目圆口方；龙鳞较密，背棘之间有两个或三个锁链间隔；腹甲为节片状，顺治时期的装饰风格彻底消失。

嘉庆时期以后的龙纹，形态逐渐呆板化，肢体粗壮，姿态僵硬，已无凌厉之气；龙的眼黑变大，神气不足，呆萌有余；背鳍上的锁链起伏基本消失，只有小小的棘；腹甲已与龙身融为一体，用线条粗粗勾勒，尾部更卷曲。另外，清晚期的太平天国运动使得江南皇家织造机构被毁，皇家的织绣受到严重影响，因此，宫廷织绣水平整体下降，进而也造成了等级僭越现象，"五爪蟒"的数量大增。以前龙纹为宫廷的一个符号，而清代晚期，龙、蟒已然混淆。各时期典型的龙纹见图147—图155。

▲ 图 147　黄色纱绣四团金龙纹夹衮服（局部）
清代顺治时期

▶ 图 148　黄缎绣彩云金龙纹皮朝服
（局部）
清代康熙时期

◀ 图 149　明黄色缎绣云龙银鼠皮龙袍
拆片（局部）
清代雍正时期

◀ 图 150　黄纱绣彩云金龙纹单
袍（局部）
清代乾隆时期

◀ 图 151　明黄色纱绣彩云金龙
纹女夹朝袍（局部）
清代嘉庆时期

▲ 图 152　绿色缎绣八团彩云金龙纹青白狐皮女龙袍（局部）
清代道光时期

▲ 图 153　杏黄色纱绣彩云蝠金龙纹女单龙袍（局部）
清代同治时期

▲ 图 154　明黄色纳纱四合如意朵花地彩云蝠金龙纹女单龙
袍（局部）
清代光绪时期

▲ 图 155　红色呢绣彩云蝠鹤金龙卍字纹男蟒袍（局部）
清代宣统时期

（2）云　纹

云纹是比龙纹使用频率更高、更具时代特征的纹样。清代云纹最初继承了明代的形式，而后逐渐发展，形成不同时期所独有的特征，体现了由模仿到融合、由简单组合到复杂变化、由稚拙到灵动又转向呆板、由雅趣到世俗的演化。

顺治时期的云纹以朵云及团云中的叠云、串云为主，云尾在这一时期也有明显的变化，脱离了明代四合、三合如意云的样式。朵云在设计上自由洒脱，不拘一格；叠云纹主要使用在海水江崖纹中，略显云气纹的韵味（图156a）；万历时期的盘云纹样式，顺治时期偶见使用，横杆逐渐消失，串云纹出现（图156b、156c）。总的来说，顺治时期主要使用朵云和团簇云装饰，比较有代表性的是团簇云中的串云和叠云，造型丰满，用色单纯，疏朗大气。

康熙时期的云纹主要有朵云中的勾云、小朵云，团云中的卧云、串云、不规则形态如"壬"字云。康熙早期，四合如意云十分流行，经常出现在常服袍、行袍等暗花织物和瓷器、建筑等的装饰上。串云也是康熙早期比较有特色的云纹，起初与顺治时期相似，只有水平或竖直状态，后来逐渐变化，云头昂起，改变了平直的状态，变得丰满、曲折，发展出了"壬"字云、小枝状云的造型（图157）。总体来说，康熙时期云纹的形态变化显著，云躯有蜿蜒之势，整体变高变大，预示着大枝状云的形成。康熙时期云纹的配色方面，绿、蓝、红色系比较常见，但朵云的色彩并不丰富，大多以一种色调为主，也存在多彩的团云。总的来说，康熙时期以团簇云装饰为主，比较有代表性的是早期的四合如意云、串云，晚期的"壬"字云，用色上偏冷调。

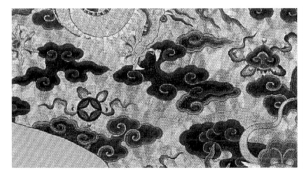
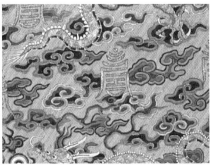

a b
c

图 156 清代顺治时期的刺绣云纹
a 平金满绣云龙纹袍料
b 红色纱地满绣回纹平金云龙裕褂（局部）
c 蓝色纱缀绣四团彩云金龙纹单袭服（局部）

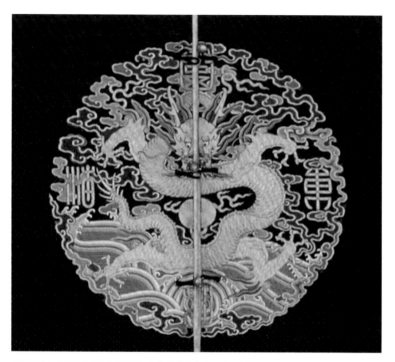

▲ 图 157　石青缎绣四团彩云福如东海金龙纹夹衮服（局部）
清代康熙时期

　　雍正时期的云纹以团簇云为主，康熙时期的"壬"字云和小枝状云常见使用，但设计上变得夸张，云头有"瘤结"或"节结"样的造型特征，云尾突出（图 158a、158b）。大枝状云已经出现（图 158c），但形态有些拘谨，云头有时表现为单个云勾，有时呈外旋双勾卷，很少使用云尾，云气纹的最初意境已经消散。总的来说，雍正时期云纹由"壬"字云、串云向大枝状云过渡，色彩变得鲜艳。

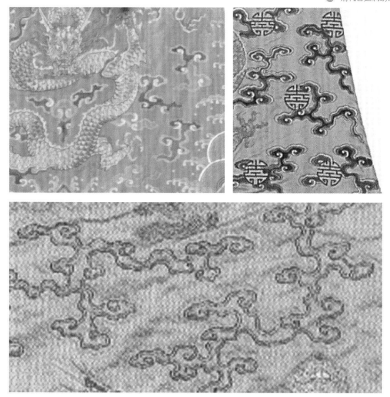

图 158　清代雍正时期的刺绣云纹

a | b
c

a 明黄色缎纳纱绣彩云金龙纹男单朝袍（局部）
b 明黄色缎绣云龙纹银鼠皮龙袍（局部）
c 明黄色缎绣彩云金龙纹皮龙袍（局部）

　　乾隆时期，大枝状云极为流行，色彩艳丽。大枝状云云身纤细，云头有时为拉长的外旋双勾卷（图 159b），有时为如意形，云身曲折蜿蜒（图 159c）。构图上仿生象物，寓意吉祥，如灵芝云（图 159a）。乾隆晚期，出现飘带状的大枝状云，纤细而绵长，让人联想起行云流水（图 159d）。总的来说，这一时期的云纹体现出一种奢华、雍容的时代风貌。用色上较前代丰富，色彩对比强烈，大量使用红色系色彩。

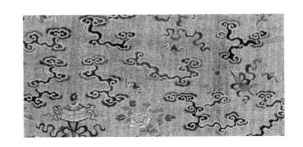

嘉庆以后，云纹呈简化趋势，云尾基本消失，云头多为如意形的变体、组合。至清晚期，云纹更加简化，构图上多为一朵朵云头的重叠排列，云纹多为无尾的云头组合或密集排列，造型呆板，用色俗丽，过度程式化，装饰虽极尽华丽，却因千篇一律而美感缺失（图159e），体现了另一番审美意趣。

图 159　清代中晚期的刺绣云纹
a 明黄缎绣五彩云龙纹吉服袍料
清代乾隆时期
b 明黄色缎绣彩云蝠金龙纹男棉龙袍（局部）
清代乾隆时期
c 明黄色缎绣彩云蝠金龙纹男夹龙袍（局部）
清代乾隆时期
d 明黄色纱绣彩云金龙纹女单袍（局部）
清代乾隆时期
e 明黄色绣彩云金龙纹龙袍拆片（局部）
清代同治时期

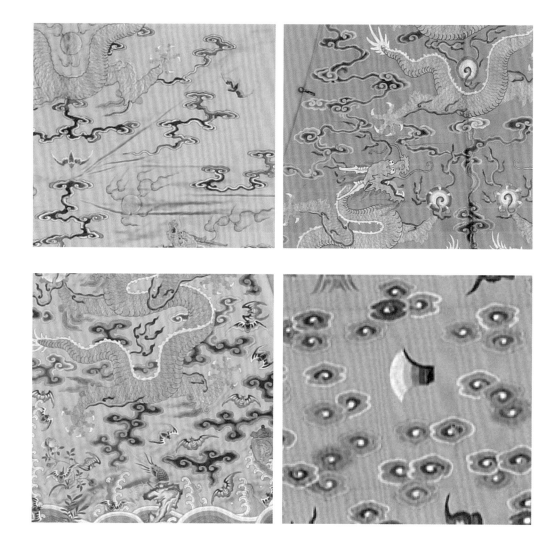

（3）海水江崖纹

顺治时期的海水江崖纹一般由云气纹托平水和仙山构成，也存在只有平水和仙山的情况。水面和水间有杂宝装饰，偶尔可见水脚龙。叠云纹有明末特征，呈现为蘑菇云状，一般为三朵、七朵、九朵排列。五彩的云气由中心分别向两边延展，展示了清代"立水"的最初形态。平水为2—7层。仙山的数量一般为三座。典型的纹样如图160所示。

康熙时期的海水江崖纹在构图上多为叠云托起平水仙山，云气较短，有时还出现双层叠云。平水间仍然以浪花、杂宝纹为主要装饰，平水上还出现了卷曲的水波纹（以下称浪水）。叠云的云头和云气开始分化。仙山由五座组合而成。典型的纹样以织纹居多，如图161a所示，绣纹极少，如图161b所示。

▲ 图 160　平金满绣云龙纹褂料
清代顺治时期

图 161　清代康熙时期的海水江崖纹
a 棕色八团彩云金龙纹妆花缎女龙袍拆片（局部）
b 蓝色缎绣麒麟挂屏（局部）

　　雍正时期的叠云纹云头和云气呈分离状态，云头变小，一般为九个，云气（立水）拉长，形式上十分灵活，平水组合浪水，有时还在水面上装饰十二章纹。山纹多为五座甚至更多座连在一起。典型的纹样如图 162 所示。

　　乾隆时期的海水江崖纹延续了前代的形式和风格，后来"立水"由短变长、由曲变直、由气变水。大约在乾隆四十年（1775 年）以前，"立水"呈左右相对的波浪形，后发展成"立卧三江水"；云头和云气结合在一起，云头较小，云气较规则。乾隆三十三年（1768 年）

▲ 图 162　香色缎绣彩云蝠金龙纹女夹龙袍（局部）
清代雍正时期

还出现过类似顺治时期云气的形态，较短但较稀疏。乾隆四十年（1775 年）之前，云头一般为七个或九个如意头，五彩立水规则排列；而乾隆晚期，云头和云气基本分离，不再关联。云气固定为"五彩"立水（彩绣），有 7—9 组，如图 163 所示。到清晚期，海水江崖纹更加刻板，基本失去了山、水的意义，民间也突破宫廷禁忌，肆意使用。典型的纹样如图 164、图 165 所示。

▲ 图 163　明黄色绸绣彩云蝠金龙纹男棉龙袍（局部）
清代乾隆时期

▲图 164　杏黄色纱绣彩云蝠金龙纹女夹龙袍（局部）
清代道光时期

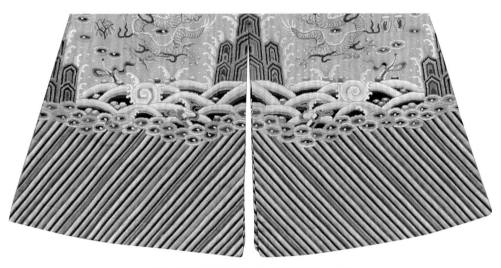

▲图 165　明黄色纳纱彩云蝠寿金龙纹男单龙袍（局部）
清代宣统时期

　　刺绣源于民间，是历史悠久、使用较广的一种装饰方法。宫廷极致奢华的需求推进了刺绣技术的精进和绣种流派的发展，也使得一些刺绣精品得以保留。刺绣具有实用性和欣赏性，实用性体现在装饰的使用价值和带有功利性的审美价值，融于民俗活动和日常生活中；欣赏性体现的是无功利的艺术价值，通常以书画、装裱、陈设等形式独立存在。

　　民间也好，宫廷也好，古代刺绣的收藏量很大，有些是传世实物，有些出自墓葬，大多经过多方流转，已无法确定出处，但总体看以明清实物居多。宫廷刺绣是指出自宫廷或用于宫廷，即由宫廷制作或在宫廷中使用的刺绣品，这是与民间刺绣属性上的最大区别。宫廷刺绣就是以其属性来界定的，而非单纯依据刺绣品本身，也并非特指技艺精良之品。宫廷刺绣品可能是宫廷的特定作坊制作的，也可能是宫中生活的女眷、宫人制作的，也可能是通过民间征集、定制得来的。而现存实物中，具备系统性特征的研究对象唯有故宫博物院的收藏品了。

　　故宫博物院是国家重要的文物收藏和研究机构。近年来，一线文博工作者不辞辛劳地对文物进行信息采集、整理和数字化工作，在官网数据库中增列了藏品信息和影像资料。新资料的公布，给学术研究带来很多启示，这是清代宫廷刺绣研究的重要前提。

　　刺绣通常被视为纺织技术的一种，以往的研究比较侧重技术（针法）特征和艺术风格，并通常以地域划分。宫廷刺绣打破了地域的界限，脱胎于地方民俗，反映宫廷礼仪文化和生活意趣，技术上具有多样性和融合性，艺术风格上具有礼制性和奢侈性。因此，对宫廷刺绣的研究应打破常规，将研究的重点落在"宫廷"，将刺绣与宫廷生活相联系。学界通过对清代宫廷刺绣遗存进行分类，有了一些新的发现，如不同种类的刺绣品使用的技法、刺绣用于礼仪服饰在康熙前后的变化、乾隆时期刺绣所用的五色等。

　　宫廷在不同时期、不同种类的丝织品上所选择的刺绣方法略有差别，配色、技法也随着时间的推移会发生一些变化，这或许与时代审美和技术改进有关；宫廷刺绣在优秀的地方刺绣基础上进行的自觉吸收、自动创新，也推动了地方刺绣的发展。深入挖掘、研究宫廷刺绣，可以发现宫廷刺绣独立的发展路线、技术创新体系以及其中蕴含的文化系统，这也是宫廷刺绣的特色所在吧。

Gary Dickinson & Linda Wrigglesworth. *Imperial Wardrobe*. Danvers, MA: Ten Speed Press，
　　2000.

爱新觉罗·昭梿.啸亭杂录（卷8）.

《北京文物鉴赏》编委会.明清水陆画.北京：北京美术摄影出版社，2005.

陈娟娟.中国织绣服饰论集.北京：紫禁城出版社，2005.

崔景顺.清代乾隆四十二年《穿戴档案》服饰研究.服饰文化研究（韩国），第7卷第5
　　号：705–717.

范金民.衣被天下：明清江南丝绸史研究.南京：江苏人民出版社，2016.

冯印淙.紫禁城的宫殿.北京：紫禁城出版社，2002.

故宫博物院.天朝衣冠.北京：故宫出版社，2017.

故宫博物院数字文物库.https://digicol.dpm.org.cn/cultural/detail?id=87cbc758d13d4e879
　　4938bff9060609c.

（光绪朝）大清会典（卷二十九）.北京：中华书局，1991.

皇朝礼器图式（彩绘本）.英国维多利亚与艾尔伯特博物馆.

黄能馥，陈娟娟.中国龙袍.北京：紫禁城出版社，2006.

（嘉庆朝）钦定大清会典（卷二十二）. 台北：文海出版社，1994.

（康熙朝）大清会典（卷四十八）. 辽宁省图书馆古籍善本库.

辽宁大学历史系. 清初史料丛刊第一种：重译《满文老档》（太祖朝第一分册）. 1978.

辽宁民族古籍历史类之 11·清代内阁大库散佚满文档案选编. 天津：天津古籍出版社，
1991.

祁美琴. 清代内务府. 北京：中国人民大学出版社，1998.

（乾隆朝）钦定大清会典（卷三十·礼部·冠服）.

乾隆五十六年年销算染作（织染局 099）.

钦定四库全书·钦定日下旧闻考（卷 71）.

钦定四库全书·周礼句解（卷 5）.

钦定四库全书荟要·吏部. 长春：吉林出版集团，2005.

清代织染局染作档案·乾隆十九年销算染作.

沈寿. 雪宧绣谱图说. 张謇，整理. 王逸君，译注. 济南：山东画报出版社，2004.

王庆云. 石渠余记（卷 3）.

王云英. 皇太极的常服袍. 故宫博物院院刊，1983（3）：91–95.

王允丽，等. 故宫藏"孔雀吉服袍"的制作工艺——三维视频显微系统的应用. 故宫博
物院院刊，2009（4）：152.

徐雯. 中国云纹装饰. 南宁：广西美术出版社，2000.

严勇，等. 清宫服饰图典. 北京：紫禁城出版社，2010.

殷安妮. 清宫后妃氅衣图典. 北京：故宫出版社，2014.

殷安妮. 故宫织绣的故事. 北京：故宫出版社，2017.

（雍正朝）大清会典（卷六十四）. 辽宁省图书馆古籍善本库.

于倬云. 故宫建筑图典. 北京：紫禁城出版社，2007.

张琼. 故宫博物院藏文物珍品大系·清代宫廷服饰. 香港：商务印书馆，2005.

赵丰.中国丝绸艺术史.北京:文物出版社,2005.

中国第一历史档案馆,中国社会科学院历史研究所.满文老档(上、下).北京:中华书局,1990.

中国第一历史档案馆.清初内国史院满文档案译编(上).北京:光明日报出版社,1986.

中国第一历史档案馆.咸丰四年穿戴档//中国第一历史档案馆.清代档案史料丛编(第五辑).北京:中华书局,1980:232–322.

中国第一历史档案馆.圆明园.上海:上海古籍出版社,1991.

中国国家博物馆.乾隆南巡图研究.北京:文物出版社,2010.

朱家溍.明清室内陈设.北京:紫禁城出版社,2004.

宗凤英.故宫博物院藏文物珍品大系·明清织绣.香港:商务印书馆,2005.

图序	图片名称	收藏地	来源
1	宫廷用孔雀羽、米珠、金银线等材料	故宫博物院	《故宫藏"孔雀吉服袍"的制作工艺》；米珠图片来自故宫网站（黄云缎勾藤米珠靴）
2	皇太极的常服袍及其面料局部	沈阳故宫博物院	本书作者拍摄
3	黄色缠枝莲纹暗花绸男棉朝袍	故宫博物院	故宫博物院数字文物库网站
4a	纳纱绣五彩荷花鹭鸶图桌帷	故宫博物院	《明清织绣》
4b	舒妃吉服袍（局部）	故宫博物院	《明清织绣》
4c	石青缎绣五彩芙蓉花卉补子	故宫博物院	《明清织绣》
4d	雪灰绸绣五彩博古纹对襟紧身料	故宫博物院	《清代宫廷服饰》
5a	平金满绣云龙纹袍料上的正龙纹	故宫博物院	故宫博物院数字文物库网站
5b	平金满绣云龙纹袍料上的行龙纹	故宫博物院	故宫博物院数字文物库网站
5c	石青色缎绣四团彩云福如东海金龙纹夹衮服上的团龙纹	故宫博物院	故宫博物院数字文物库网站
6	香色织凤纹吉服	故宫博物院	《清代宫廷服饰》
7	明代云纹类型		《中国丝绸艺术史》
8	清代水陆画中的云气纹		《明清水陆画》

图序	图片名称	收藏地	来源
9	乾隆时期龙袍底部云纹	故宫博物院	《清代宫廷服饰》
10	清代不同形态的云纹		本书作者绘制
11	海水江崖纹中的平水和立水	故宫博物院	《清代宫廷服饰》
12a	储秀宫内紫檀八方罩		《故宫建筑图典》
12b	养心殿东暖阁垂帘（听政处）		《紫禁城的宫殿》
12c	乾隆香色缎绣五彩花鸟纹门帘	故宫博物院	《明清织绣》
13	纳纱绣五彩荷花鹭鸶图桌帷	故宫博物院	《明清织绣》
14	红缎绣五彩百子戏图帐料	故宫博物院	《明清织绣》
15	木边绣梅花图屏	故宫博物院	故宫博物院数字文物库网站
16	驼色绸绣五彩芙蓉石榴绶带图屏心	故宫博物院	《明清织绣》
17	明黄绸绣彩地山水楼阁图贴落	故宫博物院	《明清织绣》
18	缎绣五彩莲蝠纹夹被	故宫博物院	《明清织绣》
19	黄色缎绣葫芦卍字龙凤纹枕头	故宫博物院	故宫博物院数字文物库网站
20	黄色江绸绣云蝠勾莲纹坐褥	故宫博物院	故宫博物院数字文物库网站
21	红缎绣百子观蝠图宝座靠背料	故宫博物院	《明清织绣》
22	红缎绣百子放风筝图垫料	故宫博物院	《明清织绣》
23a	黄色缎绣勾莲福寿纹迎手	故宫博物院	故宫博物院数字文物库网站
23b	黄色缎绣勾莲蝠纹迎手	故宫博物院	故宫博物院数字文物库网站
24	红色缎绣五蝠捧寿暗八仙纹椅帔	故宫博物院	故宫博物院数字文物库网站
25a	香色绸绣花手帕	故宫博物院	故宫博物院数字文物库网站
25b	黄色绸绣龙凤双喜纹夹怀挡	故宫博物院	故宫博物院数字文物库网站
25c	红色绸绣彩云蝠金龙凤纹盖头	故宫博物院	故宫博物院数字文物库网站

续表

图序	图片名称	收藏地	来源
25d	黄色缎平金绣五毒葫芦纹粉盒	故宫博物院	故宫博物院数字文物库网站
26a	明黄色缎绣云金龙戏珠纹三角纛	故宫博物院	故宫博物院数字文物库网站
26b	红色纱绣云纹飞虎旗	故宫博物院	故宫博物院数字文物库网站
27	黄色缎绣云龙八宝纹鞍韂	故宫博物院	故宫博物院数字文物库网站
28a	花缎绣云龙纹挑幡	故宫博物院	故宫博物院数字文物库网站
28b	绸地绣花幡	故宫博物院	故宫博物院数字文物库网站
29	石青色缎绣四团彩云福如东海金龙纹夹衮服	故宫博物院	故宫博物院数字文物库网站
30a	明黄色缎绣金龙朝袍（正面）	故宫博物院	故宫博物院数字文物库网站
30b	大红色缎绣彩云金龙纹夹朝袍（背面）	故宫博物院	故宫博物院数字文物库网站
31a	明黄色缎绣彩云金龙纹女夹朝袍	故宫博物院	故宫博物院数字文物库网站
31b	石青色纱绣彩云金龙纹夹朝褂	故宫博物院	故宫博物院数字文物库网站
31c	清人画孝恭仁皇后像轴	故宫博物院	故宫博物院数字文物库网站
32	石青色江绸绣八团彩云金龙纹银鼠皮龙褂	故宫博物院	故宫博物院数字文物库网站
33a	蓝色纱绣缉米珠彩云蝠花卉暗八仙龙纹男棉龙袍	故宫博物院	故宫博物院数字文物库网站
33b	明黄色缎绣彩云八宝金龙纹女夹龙袍	故宫博物院	故宫博物院数字文物库网站
34a	洋红色缎打籽绣牡丹蝶纹夹氅衣	故宫博物院	《清宫后妃氅衣图典》
34b	明黄色纱绣菊花寿纹单衬衣	故宫博物院	故宫博物院数字文物库网站
35a	明黄色绸绣绣球花纹棉马褂	故宫博物院藏	《天朝衣冠》
35b	酱色江绸钉绫梨花蝶纹镶领边女夹坎肩	故宫博物院藏	故宫博物院数字文物库网站
36a	米色缎绣花盆底女夹鞋	故宫博物院	故宫博物院数字文物库网站

图序	图片名称	收藏地	来源
36b	明黄色绸绣云龙袜	故宫博物院	《明清织绣》
36c	平金绣云鹤纹补子	故宫博物院	故宫博物院数字文物库网站
36d	湖色纱绣菊花纹领约	故宫博物院	故宫博物院数字文物库网站
37a	红青色缎边黄色缎心绣勾莲寿纹椭圆荷包	故宫博物院	故宫博物院数字文物库网站
37b	黄色缎绣蝠鹿纹口袋	故宫博物院	故宫博物院数字文物库网站
37c	黄色缎绣太狮少狮百鸟朝凤纹扳指套	故宫博物院	故宫博物院数字文物库网站
37d	白色缎广绣公鸡牡丹松鹤纹褡裢	故宫博物院	故宫博物院数字文物库网站
37e	黄色缎锁绣灵仙祝寿纹名片盒	故宫博物院	故宫博物院数字文物库网站
38	大红缎绣花卉纹彩帨	故宫博物院	故宫博物院数字文物库网站
39	米色绫地绣雪景探梅图轴	故宫博物院	故宫博物院数字文物库网站
40	米色绫地绣球海棠图中堂	故宫博物院	《明清织绣》
41	棕竹股纸绢面绣画石榴花栀子图面折扇	故宫博物院	故宫博物院数字文物库网站
42	绣绷、绣架示意图	不详	《雪宧绣谱图说》
43	品月色缎彩绣百蝶团寿字女夹褂襕（局部）	故宫博物院	《清宫服饰图典》
44	石青色缎串珠绣八团云龙纹褂料	故宫博物院	故宫博物院网站，2009年发布
45	明黄色绸绣葡萄纹夹氅衣（局部）	故宫博物院	《清宫后妃氅衣图典》
46	石青色缎缀绣八团喜相逢纹夹褂（局部）	故宫博物院	《天朝衣冠》
47	明黄色缎绣彩云黄龙纹夹龙袍（局部）	故宫博物院	故宫博物院网站，2009年发布

续表

图序	图片名称	收藏地	来源
48	明黄色缎绣彩云黄龙纹夹龙袍（局部）	故宫博物院	故宫博物院网站，2009年发布
49	红色纳纱彩绣龙凤纹缉米珠高勒绵袜（局部）	故宫博物院	故宫博物院数字文物库网站，2020年发布
50	宝蓝色缎绣云鹤纹袷便袍（局部）	故宫博物院	故宫博物院数字文物库网站，2020年发布
51	蓝色暗花缎拉锁绣荷花山水纹绵袜（局部）	故宫博物院	故宫博物院数字文物库网站，2020年发布
52	蓝色江绸平金银缠枝菊金龙纹袷袍（局部）	故宫博物院	故宫博物院数字文物库网站，2020年发布
53	宝蓝色缎绣云鹤纹袷便袍（局部）	故宫博物院	故宫博物院数字文物库网站，2020年发布
54	湖色缎绣藤萝花琵琶襟袷马褂（局部）	故宫博物院	故宫博物院数字文物库网站，2020年发布
55	明黄色缉线绣云龙天马纹皮龙袍（局部）	故宫博物院	故宫博物院数字文物库网站，2020年发布
56	石青色缎绣八团云龙纹绵褂（局部）	故宫博物院	故宫博物院数字文物库网站，2020年发布
57	石青纱绣八团龙纹单褂（局部）	故宫博物院	故宫博物院数字文物库网站，2020年发布
58	石青纱缀绣八团夔凤纹女单褂（局部）	故宫博物院	故宫博物院数字文物库网站，2020年发布
59	石青色缎缉米珠绣四团云龙纹夹衮服（局部）	故宫博物院	故宫博物院数字文物库网站，2020年发布
60	石青色缎平金彩绣缉米珠八团龙纹袷褂（局部）	故宫博物院	故宫博物院数字文物库网站，2020年发布

图序	图片名称	收藏地	来源
61	香色纳纱八团喜相逢纹单袍（局部）	故宫博物院	故宫博物院数字文物库网站，2020 年发布
62	黄纱绣彩云金龙纹单龙袍（局部）	故宫博物院	《清代宫廷服饰》
63	石青色缎缀绣八团喜相逢纹夹褂（局部）	故宫博物院	《天朝衣冠》
64	孔雀羽穿珠彩绣云龙纹吉服袍(局部）	故宫博物院	《故宫织绣的故事》《故宫藏"孔雀吉服袍"的制作工艺》
65	孔雀羽穿珠彩绣云龙纹吉服袍(局部）	故宫博物院	
66	孔雀羽穿珠彩绣云龙纹吉服袍(局部）	故宫博物院	
67	孔雀羽穿珠彩绣云龙纹吉服袍(局部）	故宫博物院	
68	孔雀羽穿珠彩绣云龙纹吉服袍(局部）	故宫博物院	
69	孔雀羽穿珠彩绣云龙纹吉服袍(局部）	故宫博物院	
70	孔雀羽穿珠彩绣云龙纹吉服袍(局部）	故宫博物院	故宫博物院数字文物库网站，2020 年发布
71	明黄色缎绣金龙纹朝袍	故宫博物院	故宫博物院数字文物库网站
72	明黄色纱绣彩云金龙纹女夹朝袍	故宫博物院	《清宫服饰图典》
73a	黄纱绣彩云金龙纹单龙袍	故宫博物院	故宫博物院数字文物库网站，2020 年发布
73b	黄纱绣彩云金龙纹单袍	故宫博物院	故宫博物院数字文物库网站，2020 年发布
74a	香色缎绣云金龙纹袷袍前式	故宫博物院	故宫博物院数字文物库网站，2020 年发布
74b	香色纱绣八团夔龙纹单袍前式	故宫博物院	故宫博物院数字文物库网站，2020 年发布
74c	香色纱绣八团夔龙纹单袍后式	故宫博物院	故宫博物院数字文物库网站，2020 年发布

续表

图序	图片名称	收藏地	来源
74d	香色缀绣八团夔龙牡丹纹单袍前式	故宫博物院	故宫博物院数字文物库网站，2020 年发布
75	石青色缎缉米珠绣四团云龙纹夹衮服	故宫博物院	故宫博物院数字文物库网站，2020 年发布
76	石青纱绣八团龙纹单褂（女吉服褂）	故宫博物院	故宫博物院数字文物库网站，2020 年发布
77	石青缎平金彩绣金龙纹裕朝褂	故宫博物院	故宫博物院数字文物库网站，2020 年发布
78	浅绿色缎绣博古花卉纹女裕袍	故宫博物院	《清宫服饰图典》
79a	大红色勾莲蝠纹暗花纱女夹袍	故宫博物院	故宫博物院数字文物库网站
79b	杏黄色纱绣八团喜相逢纹女夹袍	故宫博物院	故宫博物院数字文物库网站
80	明黄色缎绣兰桂齐芳纹裕氅衣（局部）	故宫博物院	故宫博物院数字文物库网站，2020 年发布
81	茶青色缎绣牡丹纹女夹坎肩（局部）	故宫博物院	故宫博物院数字文物库网站，2020 年发布
82	月白色绸绣金彩大洋花纹袍料	故宫博物院	故宫博物院数字文物库网站
83	月白色缎绣彩藤萝纹棉衬衣（局部）	故宫博物院	故宫博物院数字文物库网站
84	明黄色绸绣三蓝折枝桃花纹单衬衣（局部）	故宫博物院	故宫博物院数字文物库网站
85	湖色缎绣菊花纹夹氅衣（局部）	故宫博物院	故宫博物院数字文物库网站
86	明黄色绸绣绣球花纹棉马褂（局部）	故宫博物院	故宫博物院数字文物库网站
87	雪青色绸绣枝梅纹衬衣（局部）	故宫博物院	故宫博物院数字文物库网站，2020 年发布
88	湖色缎绣栀子纹镶貂皮边对襟夹坎肩（局部）	故宫博物院	故宫博物院数字文物库网站，2020 年发布

图序	图片名称	收藏地	来源
89	月白色缎平金银绣墩兰纹棉氅衣（局部）	故宫博物院	《清宫后妃氅衣图典》
90	明黄实地纱绣绿竹枝纹女单氅衣（局部）	故宫博物院	故宫博物院数字文物库网站
91	藕荷色实地纱绣瓜瓞绵绵纹袍料	故宫博物院	故宫博物院数字文物库网站
92	月白色芝麻纱绣子孙万代纹袍料	故宫博物院	故宫博物院数字文物库网站
93	石青色缎绣平金云鹤纹袷大坎肩（局部）	故宫博物院	故宫博物院数字文物库网站
94	湖色绸绣浅彩鱼藻纹氅衣料	故宫博物院	故宫博物院数字文物库网站，2020 年发布
95	宝蓝缎绣平金云鹤纹夹马褂（局部）	故宫博物院	故宫博物院数字文物库网站，2020 年发布
96	驼色缎平金百鸟纹绵袜（局部）	故宫博物院	故宫博物院数字文物库网站
97	明黄色绸绣三蓝百蝶纹夹衬衣（局部）	故宫博物院	故宫博物院数字文物库网站
98	粉红色缎绣卍字团龙纹上羊皮下灰鼠皮氅衣（局部）	故宫博物院	故宫博物院数字文物库网站
99	月白色绸绣芙蓉花纹女对襟夹小坎肩（局部）	故宫博物院	故宫博物院数字文物库网站
100	纳纱深蓝博古纹女帔（局部）	故宫博物院	故宫博物院数字文物库网站
101	绛色缎绣浅彩缉米珠汉瓦纹袍料	故宫博物院	故宫博物院数字文物库网站
102	品月缎平金银绣菱形藕节卍字金团寿纹夹氅衣（局部）	故宫博物院	故宫博物院数字文物库网站
103	红色缎平银绣卍字地团寿纹夹氅衣（局部）	故宫博物院	故宫博物院数字文物库网站
104	月白直径地纳纱花卉纹单氅衣（局部）	故宫博物院	故宫博物院数字文物库网站，2020 年发布
105	绛色缎绣牡丹蝶纹夹氅衣（局部）	故宫博物院	故宫博物院数字文物库网站

续表

图序	图片名称	收藏地	来源
106	月白色绸绣蝠寿花卉纹袍料	故宫博物院	故宫博物院数字文物库网站
107	藕荷色绸绣灵仙祝寿纹袍料	故宫博物院	故宫博物院数字文物库网站
108	品月缎彩绣百蝶团寿字纹女夹褂襕（局部）	故宫博物院	《清宫服饰图典》
109	月白色绸绣本色卍字彩万福金寿字纹袍料	故宫博物院	故宫博物院数字文物库网站
110	明黄色缎绣葡萄蝴蝶纹衬衣（局部）	故宫博物院	故宫博物院数字文物库网站
111	藕荷色缎绣牡丹团寿纹袷氅衣（局部）	故宫博物院	故宫博物院数字文物库网站
112	酱色江绸钉绫梨花蝶纹镶领边女夹坎肩（局部）	故宫博物院	故宫博物院数字文物库网站
113	石青色缎绣花蝶纹袍料	故宫博物院	故宫博物院数字文物库网站
114	品月色缎绣加金枝梅水仙纹衬衣拆片	故宫博物院	故宫博物院数字文物库网站
115	彩色缎绣三羊鹤鹿梅雀纹名片夹	故宫博物院	故宫博物院数字文物库网站
116	蓝色缎打籽绣金边孔雀纹葫芦式荷包	故宫博物院	故宫博物院数字文物库网站
117	明黄色缎地平金银彩绣五毒活计	故宫博物院	《故宫织绣的故事》
118	彩色钉绫绣鞍马形香囊	故宫博物院	故宫博物院数字文物库网站
119	光绪皇帝用黄色缎绣太狮少狮百鸟朝凤活计	故宫博物院	故宫博物院数字文物库网站，2020 年发布
120	黄绸绣彩龙凤纹怀挡	故宫博物院	故宫博物院数字文物库网站
121	红色缎辫绣蟾宫折桂纹镜子	故宫博物院	故宫博物院数字文物库网站
122	红色缎串珠绣葫芦活计	故宫博物院	故宫博物院数字文物库网站，2020 年发布
123	湖色缎绣人物纹串料珠元宝底女夹鞋	故宫博物院	故宫博物院数字文物库网站

图序	图片名称	收藏地	来源
124	大红色缎绣花卉纹彩帨（局部）	故宫博物院	故宫博物院数字文物库网站
125	石青色缎平金锁绣福禄寿纹葫芦式荷包	故宫博物院	故宫博物院数字文物库网站
126	石青色缎绣云蝠寿纹椭圆荷包	故宫博物院	故宫博物院数字文物库网站
127	香色缎钉绫三蓝夔龙纹腰圆荷包	故宫博物院	故宫博物院数字文物库网站
128	黄色缎绣九桃纹椭圆荷包	故宫博物院	故宫博物院数字文物库网站
129	红青色缎口铺绒斜方格卍字朵花纹椭圆荷包	故宫博物院	故宫博物院数字文物库网站
130	品月色缎钉线绣四合团寿纹荷包	故宫博物院	故宫博物院数字文物库网站
131	黄色缎口满纳菊花双喜小羊纹腰圆荷包	故宫博物院	故宫博物院数字文物库网站
132	石青色缎缉线绣凤纹头尖底鞋	故宫博物院	故宫博物院数字文物库网站
133	酱色呢彩绣凤穿花纹炕毯	故宫博物院	故宫博物院数字文物库网站
134	黄色缎绣灵仙祝寿纹迎手	故宫博物院	故宫博物院数字文物库网站
135	堆绫项羽魏豹戏像册	故宫博物院	故宫博物院数字文物库网站，2020年发布
136	白缎地广绣三阳开泰挂屏心	故宫博物院	故宫博物院数字文物库网站
137	顾绣花鸟草虫图册	故宫博物院	故宫博物院数字文物库网站
138	黄色纳纱方棋朵花蝴蝶纹女帔（局部）	故宫博物院	故宫博物院数字文物库网站
139	金地绣五彩云龙纹袍料	故宫博物院	故宫博物院数字文物库网站
140	女朝袍配色	故宫博物院	雍正故宫文物大展，上海奉贤博物馆，本书作者拍摄
141	乾隆皇帝龙袍（局部）	故宫博物院	故宫博物院数字文物库网站

续表

图序	图片名称	收藏地	来源
142	《皇朝礼器图式》皇帝朝袍披领（局部）	英国维多利亚与艾尔伯特博物馆	赵丰拍摄，2007 年
143	嘉庆皇帝龙袍（局部）	沈阳故宫博物院	首都博物馆"来自盛京"展，本书作者拍摄，2018 年 11 月
144	女吉服裾底部的彩色水纹	沈阳故宫博物院	首都博物馆"来自盛京"展，本书作者拍摄，2018 年 11 月
145	石青色绸绣三蓝花卉纹袍料	故宫博物院	故宫博物院数字文物库网站
146	蓝色纳纱三蓝云蝠八宝金龙纹女单龙袍	故宫博物院	故宫博物院数字文物库网站
147	黄色纱绣四团金龙纹夹衮服（局部）	故宫博物院	故宫博物院网站，2009 年
148	黄缎绣彩云金龙纹皮朝服（局部）	故宫博物院	故宫博物院数字文物库网站
149	明黄色缎绣云龙银鼠皮龙袍拆片（局部）	故宫博物院	《天朝衣冠》
150	黄纱绣彩云金龙纹单袍（局部）	故宫博物院	《清代宫廷服饰》
151	明黄色纱绣彩云金龙纹女夹朝袍（局部）	故宫博物院	《清代宫廷服饰》
152	绿色缎绣八团彩云金龙纹青白狐皮女龙袍（局部）	故宫博物院	故宫博物院数字文物库网站
153	杏黄色纱绣彩云蝠金龙纹女单龙袍（局部）	故宫博物院	故宫博物院数字文物库网站
154	明黄色纳纱四合如意朵花地彩云蝠金龙纹女单龙袍（局部）	故宫博物院	故宫博物院数字文物库网站
155	红色呢绣彩云蝠鹤金龙卍字纹男蟒袍（局部）	故宫博物院	故宫博物院数字文物库网站
156a	平金满绣云龙纹袍料	故宫博物院	《明清织绣》

图序	图片名称	收藏地	来源
156b	红色纱地满绣回纹平金云龙袷褂（局部）	故宫博物院	故宫博物院数字文物库网站
156c	蓝色纱缀绣四团彩云金龙纹单袞服（局部）	故宫博物院	故宫博物院数字文物库网站
157	石青缎绣四团彩云福如东海金龙纹夹袞服（局部）	故宫博物院	故宫博物院数字文物库网站
158a	明黄色缎纳纱绣彩云金龙纹男单朝袍（局部）	故宫博物院	《清代宫廷服饰》
158b	明黄色缎绣云龙纹银鼠皮龙袍（局部）	故宫博物院	《天朝衣冠》
158c	明黄色缎绣彩云金龙纹皮龙袍（局部）	故宫博物院	《清代宫廷服饰》
159a	明黄缎绣五彩云龙纹吉服袍料	故宫博物院	《明清织绣》
159b	明黄色缎绣彩云蝠金龙纹男棉龙袍（局部）	故宫博物院	故宫博物院数字文物库网站
159c	明黄色缎绣彩云蝠金龙纹男夹龙袍（局部）	故宫博物院	故宫博物院数字文物库网站
159d	明黄色纱绣彩云金龙纹女单袍（局部）	故宫博物院	故宫博物院数字文物库网站
159e	明黄色绣彩云金龙纹龙袍拆片（局部）	故宫博物院	故宫博物院数字文物库网站
160	平金满绣云龙纹褂料	故宫博物院	故宫博物院数字文物库网站
161a	棕色八团彩云金龙纹妆花缎女龙袍拆片（局部）	故宫博物院	故宫博物院数字文物库网站
161b	蓝色缎绣麒麟挂屏（局部）	故宫博物院	故宫博物院数字文物库网站
162	香色缎绣彩云蝠金龙纹女夹龙袍（局部）	故宫博物院	故宫博物院数字文物库网站
163	明黄色绸绣彩云蝠金龙纹男棉龙袍（局部）	故宫博物院	故宫博物院数字文物库网站

续表

图序	图片名称	收藏地	来源
164	杏黄色纱绣彩云蝠金龙纹女夹龙袍（局部）	故宫博物院	故宫博物院数字文物库网站
165	明黄色纳纱彩云蝠寿金龙纹男单龙袍（局部）	故宫博物院	故宫博物院数字文物库网站

注：

1. 正文中的文物或其复原图片，图注一般包含文物名称，并说明文物所属时期和文物出土地／发现地信息。部分图注可能含有更为详细的说明文字。

2. "图片来源"表中的"图序"和"图片名称"与正文中的图序和图片名称对应，不包含正文图注中的说明文字。

3. "图片来源"表中的"收藏地"为正文中的文物或其复原图片对应的文物收藏地。

4. "图片来源"表中的"来源"指图片的出处，如出自图书或文章，则只写其标题，具体信息见"参考文献"；如出自机构，则写出机构名称。

5. 本作品中文物图片版权归各收藏机构／个人所有；复原图根据文物图绘制而成，如无特殊说明，则版权归绘图者所有。

开始研究清代服饰，是因为 2004 年读书时的一个契机，从那时起，便一直沉浸其中。这些年来逐渐从服饰延伸到其他纺织品，从制度、风俗延伸到艺术、技术，小有所得。

研究古代纺织品，离不开文献和文物。这些年来，我寻求一切机会抄录古籍文献，调查、测量文物，走访研究机构和博物馆，搜集、思考和求证。2013 年，我前往美国康奈尔大学，在人类生态学院纺织服装系做访问学者，在该校纺织服饰博物馆工作一年。其间，我整理了馆藏的中国清代文物，策划并完成了一个有关中国近现代服饰的展览。这个展览在当时很受关注，甚至延期闭展。近来，应馆方邀请，又协助策划了两次线上展览。多年的探究，使我在清代纺织研究方面有了一点积累，才敢提笔写这篇小作。

清代宫廷刺绣的研究离不开相关的实证，书中的原始资料绝大部分得益于专业机构的研究和发表。故宫博物院网站近几年来提供的文物信息和高清大图，使我们得以窥见皇家织绣品的面貌，也是研究的关键。在此，郑重感谢故宫博物院对学术研究的支持和奉献！此外，一些博物馆所举办的专题展览也为研究提供了很多素材，不一一列举。

在研究期间，得到了很多帮助。我要特别感谢我的恩师赵丰先生、故宫博物院的学者、我的同学以及支持我的家人和朋友们。

小作篇幅有限，还有不甚严谨和疏漏之处，望多指正。

王业宏

2020 年 12 月 26 日

于温州

图书在版编目（CIP）数据

中国历代丝绸艺术. 宫廷刺绣 / 赵丰总主编；王业宏著. — 杭州：浙江大学出版社，2021.6（2023.5重印）
ISBN 978-7-308-21403-2

Ⅰ. ①中… Ⅱ. ①赵… ②王… Ⅲ. ①刺绣－工艺美术－中国－清代 Ⅳ. ①TS14-092

中国版本图书馆CIP数据核字(2021)第099833号

本作品中文物图片版权归各收藏机构/个人所有；复原图根据文物图绘制而成，如无特殊说明，则版权归绘图者所有。

中国历代丝绸艺术·宫廷刺绣

赵　丰　总主编　　王业宏　著

丛书策划	张　琛
丛书主持	包灵灵
责任编辑	张颖琪
责任校对	陆雅娟
封面设计	程　晨
出版发行	浙江大学出版社
	（杭州市天目山路148号　　邮政编码　310007）
	（网址：http://www.zjupress.com）
排　　版	杭州林智广告有限公司
印　　刷	杭州宏雅印刷有限公司
开　　本	889mm×1194mm　1/24
印　　张	8.5
字　　数	143千
版 印 次	2021年6月第1版　2023年5月第3次印刷
书　　号	ISBN 978-7-308-21403-2
定　　价	88.00元